中国人文标识

China
|第二辑|

中国茶

一片树叶的传奇

程国平　吴汾｜著

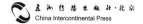五洲传播出版社·北京
China Intercontinental Press

图书在版编目（CIP）数据

中国茶，一片树叶的传奇／程国平，吴汾著. -- 北京：五洲传播出版社，2021.3（2023.11重印）
（中国人文标识）
ISBN 978-7-5085-4568-4

Ⅰ.①中… Ⅱ.①程… ②吴… Ⅲ.①茶文化-文化史-中国-通俗读物 Ⅳ.①TS971.21-49

中国版本图书馆CIP数据核字(2021)第011137号

作　　者：程国平　吴　汾
图　　片：白继开　苏冠名　图虫创意/Adobe Stock
出 版 人：荆孝敏
责任编辑：梁　媛
装帧设计：青芒时代

中国茶，一片树叶的传奇

出版发行：五洲传播出版社
地　　址：北京市海淀区北三环中路 31 号生产力大楼 B 座 6 层
邮　　编：100088
电　　话：010-82005927，82007837
网　　址：http://www.cicc.org.cn, http://www.thatsbook.com
印　　刷：北京市房山腾龙印刷厂
版　　次：2021 年 4 月第 1 版第 1 次印刷　2023 年 11 月第 2 次印刷
开　　本：787mm×1092mm　　1/16
印　　张：15
字　　数：250千字
定　　价：68.00元

序

茶叶，是中华文化的一个符号，一个象征，一道传承，一种味道。纵观中国茶叶5000年发展史，仿佛在中华文化博大精深的历史长河中徜徉。中国茶叶文化发展传承至今，与中国瓷器、服饰、建筑、园林、美食一样，离不开社会环境、文化氛围的坚守，以及国际交流、技术进步的推动，它不仅影响和改变着中国人的生活习惯和生活态度，也对世界上很多国家的人们的生活方式产生了很大影响。

茶是中国走向世界的"名片"，世界各国的"茶"字读音，全都是以中国南北两地"茶"字地方方言发音为基础的。近几百年间，茶业是很多老牌资本主义国家国民经济的支柱型产业之一，茶叶是其中很重要的贸易商品，葡萄牙、荷兰、英国等国先后在海上称雄，海道大通揭开了人类近代史新的一页，这些海上"巨无霸"国家，都曾为芬芳柔美的中国茶而折腰，中国茶从那时起就成为世界性的商品。

世界近代史上赫赫有名的英国东印度公司，其最大宗的贸易商品就是茶叶。同样，美国建立初期，由于独立战争刚刚结束，国库贫乏，主要依靠当地的花旗参和中国茶等大宗商品的贸易，完成了资本的原始积累。今天，在波士顿，仍有对外开放的波士顿倾茶博物馆。

......

世界市场上，除矿泉水之外，销量最大的饮料恐怕就是红茶，但是国际上，该饮料的名称被错误地翻译成了 black tea。因为最初，英国人在红茶的贸易中，首先看到是黑黢黢的干茶，而不是汤色红艳明亮的茶水。而实际上真正依靠微生物发酵的真黑茶，却被称为 dark tea——暗色的茶。这个名称直接导致黑茶大类在国际上很难打开销路。

这本有关茶叶的小书，由浙江大学茶叶科学系和复旦大学新闻系的两位知名大学的校友跨界合著，是高级记者和茶叶讲座教授的研、学、品茶之路，以茶叶为脉络，为读者梳理中国茶叶 5000 年发展史上的重要节点、重要人物、茶趣茶事、名茶典故，讲述中国茶叶的源远流长，博大精深，以及和中国茶叶有关的生活态度和生活美学。

赵书新

于吴裕泰 133 周年店庆之际

2020 年 9 月 28 日

目　录

第一章

源远流长的中国茶

从野生树叶到精制茶叶，从咀嚼鲜叶到加工各种茶品，几千年来，茶的形态在不断变化，人们品茶的方式也一直在变化，不变的是中国人对茶的喜爱，对茶道的讲究，对茶事的探究。

PART 01
茶叶起源说

中国是世界茶叶的故乡，中国人在远古时期就已经发现并食用茶叶了，有据可查的人工栽培茶树的历史已有3000多年。先秦文字记载中没有"茶"字，但"茶"字是由"荼"字发展而来的。中国最早解释词义的专著《尔雅·释木》，以及东汉许慎编著的中国第一部字书《说文解字》都有关于"荼"字的解释。

神农尝百草而得茶

相传，中国第一个发现和饮用茶叶的人是远古三皇之一的神农氏。在中国，一切有关茶的典故与传说无不源自"神农氏尝百草"。唐代茶圣陆羽在《茶经》中记载："茶之为饮，发乎神农氏，闻于鲁周公。"

神农氏是中国古代神话传说中的首领，同时也是一位博学之人和中草药学家。相传，神农为牛首人身，其名字的意思即"具有神力的农夫"。他不仅教给人们耕种的方法，还亲自尝试各种草药，区分益草和害草。据

✕ 台湾八卦茶园

说，为了评估植物的药用价值，神农氏在自己身上尝试了 100 种植物，发现了其中 72 种有毒，剩下的 28 种无毒，茶便是其中之一。

神农是否真的存在，以现已掌握的史料无法证实，但关于神农尝百草的传说在中国家喻户晓。《神农本草》中记载："神农尝百草，日遇七十二毒，得茶而解之。"由此为中国的中医和中草药奠定了基础。

传说，一天神农氏在一棵野茶树下架锅烧水，一阵微风拂过，几片野茶树叶飘落到锅中。神农氏喝了一些煮过茶树叶的水，发现味道虽然略苦但清新润爽，饮用后身体好像更有活力了。还有一种传说是：神农尝百草时不慎中毒，倒在茶树下，幸有茶树上的水滴落口中，方才得救。

在了解茶树和茶叶后，神农氏开始向人们传授有关茶叶的知识。从那时起，人类就开始了饮茶的历史。虽然神农偶然发现茶叶的故事只是个传说，但在中国、韩国现在仍然保留有祭祀神农的传统。

✕ 神农采药图

✕ 达摩造型的紫砂茶宠

　　关于茶叶的起源还有一个传说。达摩祖师在打坐时，因为太困便把眼皮撕下来丢在地上。不久之后，丢弃眼皮的地方长出了一簇叶子翠绿的矮树丛。达摩吃了叶子后便不再感到困乏。虽然只是传说，但这个故事同样也含蓄地表达了茶叶的功效和作用。

PART 02
茶树的故乡

　　现在的茶树，根据植物学的划分，属于灌木或小乔木，是由山茶目、山茶科、山茶属的树木历经"艰难险阻"进化而成的。茶树的祖先可以追溯到新生代第三纪到第四纪。

　　当时，茶树遍布大陆各地。喜马拉雅地壳造山运动导致了冰期和间冰期出现，气候十分寒冷，大地被冰川覆盖。直到13000年前，冰封才逐渐消退。只有在没有被冰川完全覆盖的中国东南沿海、华南、西南及华中的一些地区，茶树的根系、种子被保存下来，在后来适宜的地理气候条件下繁衍生长。这就是中国茶树生"南"不生"北"的原因。如今的云贵高原依然保存着许多古老树种，所以这里有"世界植物王国"的称号，这里同时也是茶树的原产地。

　　茶树的学名"Camellia sinensis"，意为"中国茶树"。中国是目前世界上发现野生大茶树最多的国家，且树体大、数量多、分布广。这些依然生长在西南山区的野生大茶树，成为考证茶树起源和茶叶发源于中国的"活化石"。1980年，在贵州晴隆县云头大山深处发现茶籽化石，经古生物专家鉴定为新生代第三纪四球茶籽化石，距今至少已有100万年历史，这是迄今为止地球上发现的最古老的茶籽化石。

✕ 云南高山茶园

　　近些年，中国茶学界的科学家已经在中国的 10 个省份发现了 200 多处野生大茶树。这些野生大茶树主要集中分布在云南的原始森林中。1961 年，在云南省勐海县巴达乡贺松大黑山原始森林发现了一棵主干高 32.12 米，直径 1.21 米，树龄超过 1700 年的野生大茶树。1996 年在云南省镇沅县千家寨的原始森林中发现了世界上面积最大的乔木野生大茶树群落。在这片 28747.5 亩的野生大茶树群落中，有一棵茶树的树龄超过 2000 年。由此可证，中国西南地区是茶树的原产地，云南南部的原始森林是茶树原产地的中心区域。

　　地质环境和地理、气候的变化是茶树生长逐渐演化的主要原因。几百万年来，地理上高原的上升、河谷的下沉，使得即使在同一纬度上也分成了热带、亚热带、温带和寒带气候。而茶树生长在不同气候区域，造成了"同源茶树的隔离分居现象"。茶树之后便向全中国乃至世界范围迁移、传播、发展开来。

在野生大茶树生长的云贵高原横断山脉以及澜沧江、怒江水系等低纬度区域，茶树生长迅速，树干高大，叶大。除了原始的野生大叶茶外，那里还有栽培型的云南大叶茶。受东南季风影响，云贵高原南部及东南方向干湿分明，干季气温高，蒸发量大，野生乔木大茶树生长发育得最为典型，后来经过人工选育栽培，生产出了广西凌乐白毛茶、广东乐昌白毛茶等。到了纬度较高，冬季气温较低，干燥度逐渐增加的云贵高原金沙江、长江水系一带，茶树以极强的适应能力得以生存。生长在贵州北部的大娄山和四川盆地边缘的野生茶树经过数代人的努力，培育出了虽为灌木型茶树，但树姿挺拔，极为抗寒的苔子茶。

总之，乔木型大、中叶种茶树树冠高大，叶大如掌；灌木型中、小叶种茶树树冠矮小，叶形较小。这是因为乔木型大、中叶种茶树主要分布在多雨炎热地区，它们耐热、耐湿又接受强日照。灌木型中、小叶种茶树主要分布在寒带，耐寒、耐阴。茶树这种叶片大小的变化，是其为适应环境而自我调节的结果，叶片面积越小，其呼吸散热就越少，利于茶树在较寒冷的地区生长。

从中国现在的四大茶区看，有一个重要的规律：除山东外，其余的产茶区都处于云贵高原及长江流域。茶树属于种子植物，由其原产地向外传播的途径有水力、风力、鸟类等。由于果实有坚硬的果壳且单果较重，茶树主要靠种子或其他器官顺着河流的流向传播。云贵高原同时也是许多河流的发源地或一些河流的上流流域。这里的元江流向越南就成了红河，澜沧江流经老挝就成了湄公河，怒江流向缅甸就成了萨尔温江……这些南亚河流的流经之地也产茶叶。云贵高原的金沙江一直向东流而形成的长江流域，包括岷江、乌江、汉江、湘江、赣江等长江支江流域，总面积达 180

✕ 杭州茶园

万平方公里，横贯19个产茶省，这与中国大陆地区20个产茶省高度重合（台湾及海南岛按大陆以外计）。中国的产茶省份，仅有山东省不在长江流域，而山东省产茶还是近几十年靠人工引进移植才形成的。

茶树，从原产地云贵高原早先的野生大茶树，沿着长江流域及其支流一路传播，形成了今天东南、西南、江南、江北四大茶区，并以不同的品种形态再生长。

PART 03
从树叶到茶叶

　　人类对于茶叶的发现和利用，大致经历了四个过程：药用—食用—特供用—饮用。先秦时代，人们从野生茶树上采摘茶叶，主要用来解毒疗疾。由此可见茶的药用功效。即使是现在，在我国许多地方还有把茶叶嚼碎敷在伤口上的做法。

　　西周初年，巴蜀一带已经有了人工栽培的茶树，茶叶也被制作成"茗菜"，也就是菜食，可以"生煮羹饮"了。同时，茶叶也成为祭祀用的珍品。公元前1046年，周武王伐纣时期，茶作为贡品第一次有了文字记载。

　　大约从战国起，始于巴蜀，后来又自西向东，自南向北，茶叶逐渐传播扩展至长江中下游乃至淮河流域。至西汉时，茶叶已然成为商品。而中国人关于饮茶和煎泡茶叶最早的记载也出自汉代。汉宣帝年间（前74～前49年），蜀人王褒在《僮约》中写道"武阳买茶""烹茶尽其馈"，说明秦汉时期四川产茶已经初具规模，制茶方面也有进步，并已经形成了武阳这样的茶叶集散市场。

　　据考，人类最早的人工种植茶园在四川的蒙山。蒙山位于四川雅安名山区境内，有上清峰、菱角峰、毗罗峰、井泉峰和甘露峰五峰，五座山峰呈五瓣莲花盛开状分布，其中以上清峰为最高。西汉末年，甘露寺的普慧

✕ 手工制作蒙顶甘露茶

禅师（又说是吴理真）在上清峰下亲手种下了7株茶树的地方，被后人称为"皇茶园"，这在山上的汉碑和明清两代的石碑，以及《名山志》里都有详细记载。到了东汉，名医华佗在《食论》中有云："饮茶盖恩"。

蒙顶茶汉时出名，当时有"圣杨花""吉祥蕊"的美称，从唐代至清代一直作为贡茶进贡给皇帝。蒙顶茶与佛教的缘分源远流长，特别是在唐宋时期，蒙顶茶为寺院所有，成为寺院茶。相传，蒙山有位老和尚身患重疾，久治不愈。某日一位路人告诉他：春分前后春雷初起之时，采蒙山茶用蒙山水煎服便可祛除疾患。老和尚听言，在蒙山上清峰筑石屋，春时采蒙山茶，汲蒙山水，煎服后果真立见奇效，不仅病愈，且变年轻。为此，历朝历代都有蒙山茶能治百病，返老还童的传说。时至今日，四川蒙顶山仍是著名的绿茶"蒙顶甘露"和黄茶"蒙顶黄芽"的生产地。

✕ 国画《峡山瑞雪茶之韵》

在茶叶制作技术上，最开始的时候是生煮羹饮，继而晒干收藏。三国时期（220～280年），人们开始将茶叶制饼，烘干存放，饮用时碾碎冲泡。

魏晋南北朝时期（220～589年），茶叶的栽培种植已经由四川扩展至湖北、湖南、河南、浙江、江苏、安徽等地，民间饮茶已相当普遍，可以说饮茶已不再是比拼奢华，标榜富贵之事，有些达官贵人们用茶果来招待宾客或当为祭品，反倒成了节俭朴素之举，茶叶和饮茶之事开始从"朱门"走向"柴门"。

唐朝（618～907年）是中国茶叶世界的分水岭。在这之前，茶主要是一种中医开出的药方剂，或者是做汤菜的菜蔬，当然它还被用作祭祀品和达官贵人的高级饮用品，可以说是一种纯实用主义的东西。唐以后，茶叶才成为普遍的精致的饮品，上升为精神领域的"品饮之道"。

唐朝之前，茶叶是极其珍贵的。作为祭品的茶叶需要经过简单的加工，这种加工以晒干为主，如遇大雨则以火烘干。幼芽嫩叶在烘晒过程中会出汁成膏，且香气滋味更好，质地外形更易塑造成型，这也是唐宋几百年来饼茶大流行的原因。

不过，唐人在茶叶制作技艺上创造了蒸青技术，后来又进一步发展出了炒青工艺。宋朝至元朝，茶叶制作由蒸青团茶改进为蒸青散茶，后来又由蒸青散茶改进为炒青散茶，明清时期又从炒青绿茶发展到各种茶类。

PART 04
唐代煎茶的古典主义

中国茶叶兴盛于唐（618～907年），唐代可以说是中国茶叶发展史上的第一个高峰。无论是茶树栽培的扩大化、茶叶加工技术的日益精湛，还是饮茶方式的讲究，抑或是陆羽《茶经》的面世，都昭示着唐代茶文化的盛行与发达。

唐代，中国的疆域版图空前辽阔，万国来朝达到鼎盛，进贡的小国多达三百余个。盛世大唐并不闭关自守、故步自封，而是兼容并蓄、海纳百川，其在经济、社会、文化、艺术方面与各国的交流相当开放且多元。唐朝是当时世界上最强盛的国家之一，唐代以后，世界各地多称海外华人为"唐人"，华人聚集居住的地方称为"唐人街"，有中式特点的服装被称为"唐装"……唐代的茶叶呈现出的特点与这一时代特征相吻合。

唐式茶叶加工术

对茶叶采摘，唐时一般要求"凡采茶，在二月、三月、四月之间"，"以春为贵""选其中枝颖拔者采焉"。就是说，要在阳历的3月中下旬至5月中下旬之间，采摘肥厚健壮的茶叶。天晴无雨是唐代对采茶天气的要求，陆羽提出"凌露采茶"方为上品的概念。简单的四个字，其实暗含着植物生理学的科学道理，茶树在生长过程中，始终存在一个积累与消耗的平衡。夜间的茶树以积累为主，"凌露"即日出之前，是茶树鲜叶所含内含物最大之时。

早在东晋时期的《华阳国志》中就有巴国把茶作为贡品进贡给周武王的记载。当时巴国距周远达千里，进贡给周武王的茶很有可能是经过晾晒或烘干后的散茶，但现存的史料中没有对当时制茶工艺的描述。由于散茶的储藏及运输不便，魏晋南北朝时期的人们开始将散茶和米膏和在一起制成茶饼，即晒青茶饼。这种茶叶加工方法既能减少散茶的体积，又能延长茶叶保质期，因此一直沿用至唐朝初年。

中国饮茶文化的传承，大体是随着茶叶形状的改变而演变。唐以前在茶叶烘干过程中会"偶然"结块，形成块状茶。既然是意外，就会不可避免地出现这样或那样的问题，比如青草味重，形状不美观，等等。那时的人们经过反复的实践和研究，终于在大约公元800年发明了"蒸汽蒸叶"的制法。唐代陆羽的《茶经·三之造》记载："晴采之，蒸之，捣之，拍之、焙之、穿之、封之，茶之干矣"。意思是用蒸汽给鲜茶叶均匀地加热，人为地将茶叶揉拍成团饼状再干燥，这样不但能除掉草青味，而且更容易贮藏。这些茶叶加工的过程，也从西安法门寺地宫出土的各类茶器具中得到了印证。

✕ 明·唐寅《临李公麟饮中八仙图》

繁复讲究的唐式饮茶术

　　唐代饮茶的程序和今日相比，算得上相当繁复和讲究。"茶"在人们日常生活中的重要性也甚于今日。在陕西法门寺地宫出土的唐僖宗供奉的物品中，有茶罗、茶碾、银则、长柄勺、大小盐台、银火箸、玻璃茶碗、茶柘、秘色瓷茶碗等，陆羽在《茶经》中提到的唐代所用的三十件饮茶器具，除了玻璃茶碗，均在其中，这些出土文物也佐证了当时的皇室或者说那个时期饮茶已经讲究茶艺和茶道了。把"茶"列为和生活中必不可少的"柴米油盐酱醋"同等重要的事也要追溯到唐代。在唐代后期，就有了"茶为食物，无异米盐"的说法。

　　在唐中期以前，人们制作、保存、品饮的茶叶主要是饼茶，夹杂着其他食物、味料煮羹饮用。不过陆羽对这种将"葱、姜、枣、橘皮、茱萸、薄荷之等"和茶叶同煮之后的水斥为"沟渠间弃水"，在《茶经》中倡导单煮茶叶。也因为陆羽的推崇，单纯煎饮末茶的形式逐渐成为此后人们饮茶的主流。

　　唐代，饮茶的方法主要是煎煮法，间或有冲点法、冲泡法。取适量茶饼碾成茶末，按照饮茶人数每人一盏的量取水放入锅中。水开第二滚时盛出一盏水后，将茶末放入锅中，再用竹筴搅拌，放入盐，再将先前舀出的那盏水倒入，谓之"救沸育华"。据说此举既可消止茶水沸腾，又可养育茶汤精华。等水再烧开，复往锅中置一些冷水，再开，茶水煮好，分置盏中，宾客便可饮茶了。唐代泡茶的水讲究三沸，开水的水泡状态要"鱼目蟹眼"。

　　唐代的人对选水也极为讲究，要品第天下诸水，言泡茶之水必提中泠、谷帘、惠山，于是有了传说中李德裕千里运惠山泉水的典故。

唐诗与茶

　　因为盛唐时期是中国茶文化的鼎盛时期，也是中国诗歌的盛世，文人辈出。醉心茶事的诗人众多，于是留给后世许多经典的茶诗。

元稹有一首《一七令·茶》："茶，香叶，嫩芽，慕诗客、爱僧家。"这十一字道尽了唐时人们对茶之认识及崇茶的盛况，诗客自不必说，僧家爱之大约缘于禅茶一味了。

大诗人李白、杜甫笔落惊风雨，于茶自然也不甘人后。李白写茶的句子亦流光溢彩、清新明目，同时也不忘给"仙人掌"品牌代言。

茗生此中石，玉泉流不歇。

根柯洒芳津，采服润肌骨。

丛老卷绿叶，枝枝相接连。

曝成仙人掌，似拍洪崖肩。

——《答族侄僧中孚赠玉泉仙人掌茶》

大半生饥肠辘辘的杜甫苦中作乐，于柴荆处准备茶茗，风流一把，可见茶不仅是达官显贵的爱物，亦进入寻常百姓家。

柴荆具茶茗，径路通林丘。

与子成二老，来往亦风流。

——《寄赞上人》

颜真卿，称得上是文武全才：官至宰相，唐朝四大书法家之一，其书法"颜体"一直被模仿，从未被超越；曾统兵二十万，先平叛将李希烈，后定反王安禄山。唐大历七年（772年），颜真卿到湖州任刺史，陆羽、皎然等当时已有一定声望的湖州高僧名士汇集到颜真卿周围，一时间湖州茶事空前。唐大历八年（773年），由陆羽设计并组织施工，颜真卿题书匾额，皎然写诗记事的"三癸亭"（又被称为"三绝亭"）于"癸丑年，癸卯月，癸亥日"落成。"三癸亭"是中国茶文化史上早期最负盛名的茗茶场所。写起茶诗来，颜真卿也是"不走寻常路"：

泛花邀坐客，代饮引情言。 ——陆士修

醒酒宜华席，留僧想独园。 ——张荐

不须攀月桂，何假树庭萱。 ——李萼

御史秋风劲，尚书北斗尊。 ——崔万

流华净肌骨，疏瀹涤心原。 ——颜真卿

不似春醪醉，何辞绿菽繁。 ——皎然

素瓷传静夜，芳气清闲轩。 ——陆士修

这篇《五言月夜啜茶·联句》，由颜真卿组织当时的另外六位"大咖"，以"品茶"为主题，各写一行构成，形散而神聚。虽然写的是品茶，但全诗通篇只字未提"茶"字，却能从中读出夜空中皎洁的月光和流淌在杯碗里的茶香和诗意。

悟茶最深的大约要数僧人，而善诗的僧人自然少不了好茶诗。陆羽游历各地考察茶事途中，在吴兴结识了妙喜寺住持、唐代有名的诗僧皎然，陆羽与既擅作诗又喜烹茶的皎然心灵相通，相见恨晚，两个志在翰墨茶泉的人在妙喜寺共住三年，成为莫逆之交。也有人说，皎然是陆羽《茶经》系统工程的组织者、策划者、管理者。皎然帮陆羽在妙喜寺借宿，使其生活有了着落，可以安心学茶问茶写茶。皎然和陆羽还开创了重阳节品茗、赏菊、赋诗这种以茶代酒，移风易俗的新节俗。此外，皎然还被认为是提出"茶道"概念的第一人。

　　皎然一生写过许多有禅意的茶诗茶句，留传于世的有 28 首，如"俗人多泛酒，谁解助茶香。""一饮涤昏寐，情思爽朗满天地。再饮清我神，忽如飞雨洒轻尘。三饮便得道，何须苦心破烦恼"等。

　　此外，还有刘禹锡的"今宵更有湘江月，照出菲菲满碗花"，李商隐的"小鼎煎茶面曲池，白须道士竹间棋"，皮日休的"时看蟹目溅，乍见鱼鳞起"，柳宗元的"复此雪山客，晨朝掇灵芽"等等，都是茶诗中的佳句。

　　这些茶诗或描写茶之色貌，或渲染烹制场景，或摹写采摘画面，或细描品茶氛围，或工笔或写意，从不同视角呈现了茶在唐代社会文化生活中举足轻重的地位。茶扩大了诗歌的疆域，诗歌成就了茶的美誉。

PART 05
宋代点茶的浪漫主义

宋代（960～1279年）上承五代十国，下启元代，共历18位皇帝，前后319年，分北宋和南宋两个阶段。宋朝是中国历史上商品经济、文化教育、科学创新高度发展、繁荣的时代。当时中国的GDP总量占到世界经济总量的两成以上，宋代民间的富庶程度和社会经济的繁荣程度远超前朝"大唐盛世"。西方不少历史学家认为：宋朝是中国的文艺复兴时期和经济革命时期。

因为政治开明，经济发展，没有严重的军阀割据和官宦专制，理学儒学得到复兴，宋朝是相对比较国泰民安的朝代。由于社会经济的富足，宋代饮茶之风空前盛行，已从南方推行普及到整个北方乃至东北地区，茶叶成为"举国之饮"，同时宋代也是中国茶叶史上最奢侈精致华贵的时期。

宋朝建立不久，宋太宗赵光义（939～997年）在太平兴国二年（977年）诏令建州北苑专造龙凤贡茶，此后逐渐形成了规模空前的贡茶规制，宋代社会上下各阶层无不饮茶。宋英宗、宋神宗、宋徽宗等几位皇帝都是风雅之人，对宋代浪漫主义点茶形式的形成也起到了至关重要的作用。宋人吴自牧曾在《梦粱录》中写道："烧香点茶，挂花插画，四般闲事，不宜累家。"

北宋中期以前，由于当时士大夫阶层游宦生涯的特殊性，于是将饮茶等生活习惯也带到了其游宦生涯所在地。

浪漫的宋式点茶术

多种饮茶方式并存的情况在蔡襄写于皇祐年间（1049～1054年）的《茶录》之后有了极大改观。蔡襄是北宋名臣，为官正直，政绩斐然，更难得的是，其诗文清妙、书法浑厚，与苏轼、黄庭坚、米芾一起被称为"宋四家"。蔡襄所著的《茶录》总结了古代制茶、品茶的经验，是宋代保存最完整的茶书，也是关于宋代点茶法最早、最完整的文字记录，被认为是继陆羽的《茶经》之后最有影响的论茶专著。

《茶录》中的《点茶》一章对点茶的方法做了详细记录，之后在坊间广为流传。此外，宋仁宗（1010～1063年）等对北苑茶及其煎点方法的认可，龙凤茶等贡茶成为御赐茶后身价大增，以及文人雅士对建安茶及其点茶方法的推崇，再加上宋徽宗赵佶在其亲自撰写的《大观茶论》中给点饮的文字加持，使点茶很快就在宋代的茶艺中唱起了主角。

点茶源自建安民间斗茶时使用的冲点茶汤的方法，基本程序为：

1. 碾茶。先将茶饼"以净纸密裹槌碎"，再放入碾槽中用力快速碾成粉末。快速是保证茶色纯的关键，否则茶与铁碾槽接触时间太久茶色会受损。茶若碾得好，"玉川七碗何须尔，铜碾声中睡已无"，也就是说，不用喝上七碗茶，碾茶的香气已经让人睡意全无了。

2. 罗茶。碾好的茶末放入茶罗中细筛，极细的茶末才能在点茶时"入

※ 清·金农《玉川先生煎茶图》

汤轻泛，粥面光凝，尽茶之色"。蔡襄的《茶录》和丁谓的《煎茶》中都认为罗茶的标准是越细越好。

3.候汤。宋人用水，不甚苛求水的名声，但对水质有要求，以"清轻甘洁为美"，首取"山泉之清洁者，其次，则井水之常汲者为可用"。蔡襄认为，只有掌握好烧水的火候，才能点出最好的茶来。"候汤最难，未熟则沫浮，过熟则茶沉"。南宋词人李南金则将候火煮水的最佳时间总结为"背三涉二"，即二沸刚过三沸刚起之时点茶最佳。

4.温盏。就是在调膏点茶之前，先要开水冲杯，茶杯预热，有助于激发茶香，点茶时能使茶沫上浮。

5.点茶。把"一钱匕"的茶放入茶碗中，注入少量开水，调成极均匀的茶膏，然后一边注入开水一边用茶匙（宋徽宗之后多用茶筅）击拂，观察茶与水调和后的浓度轻重，汤色清浊程度。宋徽宗的《大观茶论》中认为，要注汤击拂七次才可。

"斗茶"斗的是什么

在宋代，文人学士将饮茶玩出了一个新的高度，除了讲究观色、选水、闻香、品味和茶器，并配合环境、吟诗、听琴之外，还发明了一项斗茶活动。

斗茶又被称为"茗战"，即通过比赛来评比茶叶质量的优劣。斗茶最早形成于唐末五代初期，并流行于福建，后在唐代的宫廷内盛行，到了宋代在民间广为流传，并发展成为王公贵族及士大夫阶层乐此不疲的时尚活动。

从出现的时间顺序上来说，斗茶早于点茶，点茶从斗茶发展而来。斗茶的基本规则是"斗色斗浮"，胜负的最终标准并不全在于茶香、茶色，更在于看茶碗壁上显现出的水痕，先现者为负，后现者为胜，所谓"水脚一线争谁先"。因为色和香的判断主要依靠个人感官，但不同的人感受不同，而水痕的出现时间则是客观可寻的。另外，水痕的出现是茶叶内所含营养成分"咬盏"的结果，后出现水痕说明茶叶"咬盏"的持续时间长，也说明这个茶叶的内含物更丰富，层次更丰满。

关于茶汤的色与浮的斗法，蔡襄在《茶录》中说"既已末之，黄白者受水昏重，青白者受水鲜明，故建安人斗试，以青白胜黄白。""汤上盏，可四分则止，视其面色鲜白、着盏无水痕为绝佳。建安斗试以水痕先者为负，耐久者为胜。故较胜负之说，曰相去一水、两水。"要求注汤击拂点出来的茶汤，表面的沫饽能够较长久地贴在茶碗内壁上。关于"咬盏"，宋徽宗做过详细描述说明："乳雾汹涌，溢盏而起，周回凝而不动，谓之咬盏。"

至于茶色之斗，宋徽宗说："以纯白为上真，青白为次，灰白次之，黄白又次之"。纯白的茶是天然生成的，建安有少数茶园中天然生出一、两株白茶树，非人力可以种植。白茶早在建安民间就为斗茶之上品。至北宋末年，由于宋徽宗对白茶的极度推崇，从此直到两宋终结，白茶都是茶叶中的第一品。

备受文人雅士推崇的分茶术

分茶，是在两宋时代受到人们极度推崇的独特技艺，它充分体现了宋代百姓在安康的社会生活状态下追求的一种精致细腻，闲情适意，注重形式美感及感官享受的审美取向和生活特征。

宋代的分茶，是在点茶基础上更进一步的茶艺。分茶要在注汤的过程中，用茶笕击拂，拨弄茶汤表面的茶沫，使之幻化出山水草木、花鸟鱼虫、书法文字等各种图案图形。分茶是一项极难掌握的技艺，以至于能和书法等相提并论，分茶技艺得到了宋代文人雅士的推崇，也成为那个时代达官贵人们一种抒发闲情雅致的生活方式，一项高雅的社交活动。

以早为贵的宋代茶叶

北宋初年，好茶的标准尚与唐末、五代一样，要"采以清明""开缄试新火"，以明前茶为贵。从宋太宗赵光义（939～997年）亲自过问贡茶开始，其后各朝皇帝无不重视贡茶，于是各地主要掌管贡茶的官员为了邀功，竞相进贡每年新茶。"人情好先务取胜，百物贵早相矜夸。"以至于每年首批新茶进贡的时间越来越早。到北宋后期，新茶的进贡时间已经从清明前提前到了惊蛰之前。

宋徽宗宣和年间（1119～1125年），茶叶以早为贵一度发展到十分变态的地步，居然在头年腊月冬至时就能吃到人工栽培出来的头批贡茶。好在这种对新茶越早越好的追求没有无节制地发展下去。

总体来讲，依从时间的顺序，宋代对上品茶的认定一直遵从着社前、火前、雨前的标准。到了明初，明太祖下诏废除北苑贡团茶之后，"茶越早越好"的说法不再提倡，明前茶、雨前茶的好茶标准被人们沿用至今。

宋代的茶叶生产主要有六道工序，分别是：采茶、拣茶、蒸茶、研茶、造茶、焙茶。因为对茶叶和茶艺的更高要求和追求，宋代对茶叶采摘时日的要求更为极致，只有在清晨日出之前采摘的方能为上品。

宋代的茶叶以紧压茶为主，我们今天喝的散茶，宋代的"讲究人"是看不上的。因为只有好的茶叶才会被碾碎捣成膏，用木模子压制成圆饼状，才能制成"团茶"。散茶都是些茶叶末，上不了台面。当时福建建安的御用团茶一斤价值高达二两黄金。

PART 06
明代散茶的写实主义

明代（1368 ~ 1644 年）加强了中央集权，多民族国家进一步统一和加强，商品经济和手工业空前繁荣，大量商业资本转化为产业资本，出现商业集镇和资本主义萌芽。

明代是中国古代制茶业发展最快、成就最大的一个时代，为现代制茶工艺的形成发展奠定了良好的基础。散茶的大力发展始于明代初年，到了明代末年，中国各个茶叶产地几乎都生产散茶了，现在中国茶叶的加工工艺、茶叶分类、品饮方法等基本都是从明代沿袭而来的。

不过，散茶的出现远早于明代，唐代陆羽在《茶经》中就有关于散茶的记载，且唐宋时期就已经有散茶名茶，如唐代的蒙顶石花、宋代的庐山云雾、日铸雪芽，元代的岳麓茶、阳羡茶等。因为明代中国茶叶在茶叶的加工形制、炒制方法、品饮方式方面有了许多创新，尤其是加工炒制方法的变革、饮茶方式的变化，推动了绿茶的进步和其他茶类的创制发展，使中国茶叶开始走向返璞归真。

✕ 明·仇英《赵孟頫写经换茶图卷》

茶叶返璞归真，散茶大兴

明太祖朱元璋认为建州贡茶劳民伤财，在洪武二十四年（1391 年）下诏"罢造龙团，唯采茶芽以进"，取消了官焙龙凤团茶的制作和进贡，这就为炒青制茶工艺的普及发展创造了条件。从此以后，茶叶的主流形制变为散茶。

由于炒制技艺和手法的不断提高，茶叶的外形也有了许多变化，比如：有曲卷如螺的，有浑圆如珠的，有扁平似片的，也有外形如眉的。不过，无论这些有名的茶叶产自虎丘、顾渚、松萝、龙井、雁荡、武夷、日铸，还是什么地方，采摘精细、炒焙得当、本味自然是其共同特征。

明清时期的上品茶的采摘时间较唐宋年间要稍晚一些，大多在"谷雨前后"。究其原因，一是唐宋时期的上品茶大多产自四川、福建等南方低

纬度地区，气候相对温暖，茶叶发芽较早；二是明清著述茶书的茶人，有相当一部分自己种茶、采茶、造茶，不会一味追求春茶越早越好，而是从茶叶本身的特性出发，在最好的时间段、茶叶状态最好的情况下采摘。

明清时期，晴天无雨仍是对采茶天气的要求，但不再将日出之后采摘的茶叶视为不可用。造成这种变化的原因，一是当时社会对上品茶的需求越来越多，只局限在清晨日出之前采摘的上品茶叶已远远不能满足需求；二是随着当时人们对茶叶知识的了解、认知程度的提高以及饮茶口味的变化，"茶叶的膏腴等营养成分见到日光后会因阳气所薄，致使其内耗"的观念不再被认同，甚至在烈日之下采摘的茶叶只要处理得当，"伞盖至舍，速倾净匾薄摊"就可以，这样的茶叶加工得当也不会成为下品茶。但对茶叶原料"以细嫩为妙"的要求，宋、明、清乃至今日，则一直都没有改变。

明代制茶大抵有三种方法，分别是：炒制、生晒、蒸焙。生晒与蒸焙

✕ 明·文徵明《品茶图》

的方法在明清以后就很少用了，沿用至今的制茶方式是炒制。炒制茶叶用
文火慢烘，炒制过程中，火候、温度、炒制的程度都很重要，但最终成茶
的品质取决于炒茶人。

PART 07
清代饮茶逐步走向市井民间

自明代以后，我国茶叶生产、加工的程序基本上没有大的变化，但饮茶的风尚却从士绅阶层走入市井小民之中，开始全民普及。

茶叶种植面积不断扩大

清代，饮茶风气在全国的普及，导致茶叶的国内需求激增，再加上茶叶种植的效益相对粮食作物更强，越来越多的人开始从事茶叶种植。

1871 年，湖南、湖北茶叶种植面积较 10 年前增加了 50%，有些地方甚至以种茶取代其他作物，如平江"向种红薯之处，悉以种茶"，浏阳地区"以素所植麻，拔而植茶"。另外，这一时期，由于清政府放开了多个港口通商，中国茶叶出口也迎来了鼎盛时期。1886 年达到了历史最高值，当年全国的茶叶生产量和出口量分别为 25 万吨和 13.41 万吨，出口量的这一纪录直到一百多年后才被超越，而且此时饮茶习惯开始全民普及。

茶饮文化，全民普及

《清稗类钞》书中记述："帝王嗜茶，茶为国饮"。饮茶阶层除文人雅士，上至皇室大臣，下至平民百姓，涵盖了各色人群。皇室中乾隆、光绪、慈禧太后等均有嗜茶喜好。乾隆"命制三清茶，以梅花、佛手、松子瀹茶，有诗纪之。茶宴日即赐此茶，茶碗亦摹御制诗于上。宴毕，诸臣怀之以归"。光绪帝"晨兴，必尽一巨瓯，雨脚云花，最工选择"。而慈禧太后饮茶"喜以金银花少许入之"。

宫廷茶宴精致、富贵，规模更是超越以往朝代。康熙、乾隆两朝，宫廷共举办过4次规模巨大的"千叟宴"，宴席程序即先饮茶，后饮酒，再饮茶，讲究皇家气派，具有特定的饮茶礼仪。在紫禁城中，专门设有管理用茶的机构，乾清宫东北设有御茶房。光绪大婚奁单中备有雕刻精美的金质茶盘、瓷茶盅以及紫檀茶几等，由此可见宫廷饮茶风盛讲究。

至于官宦人家，"凡至官厅及人家……既通报，客即先至客堂，立候主人。主人出，让客，即送茶及水旱烟。"大吏见客，"除平行者外，既就坐，宾主问答，主若嫌客久坐，可先取茶碗以自送之口，宾亦随之，而仆已连声高呼'送客'二字矣。俗谓'端茶送客'。茶房先捧茶以待，迨主宾就坐，茶即上呈，主人为客送茶，客亦答送主人。"由此看出，由宋代"点茶"逐渐引出的"客辞敬茶"或"端茶送客"习俗，在清代官场文化中已成为普遍而有效的沟通规则。

《清稗类钞》中还记述了各地茶园、茶馆、戏园、书场中百姓的饮茶场景，涉及的饮茶人群包括茶农、手工业者、民工、商贩、艺人、乞丐等。如在"京师茶馆"中"有提壶以往者，可自备茶叶，出钱买水而已。""汉人少涉足，八旗人士虽官至三四品，亦厕身其间，并提鸟笼，曳长裾，就广坐，作茗憩"。生动记述了普通旗人的茶馆生活形态。而在苏州，更有"妇女好入茶肆饮茶。同、光间，谭叙初中丞为苏藩司时，禁民家婢及女仆饮茶肆。
然相沿已久，不能禁。"

茶叶，成为最重要的出口商品

清代，尤其是鸦片战争以后，随着海外贸易量增大，茶已经成为中国
最重要的出口商品。据《清稗类钞》农商类记述，从光绪丁酉 (1897 年) 至
宣统庚戌 (1910 年) 十年间，"国外贸易年盛一年……输出品中最重要者为
丝茶，丝之输出价值占总额百分之三十五分，茶则占百分之二十分，绸缎、
牛皮、猪鬃、羊毛、草帽缏、米、棉花等次之。"由此可见，茶在清代的
出口商品中分量比重极大，在西方世界很受欢迎。

对饮茶功效的认识更加全面

在《清稗类钞》饮食类中，将茶、咖啡、可可统划为茶类，并指出"此
等饮料，少用之可以兴奋神经，使忘疲劳……入夜饮之，易致不眠。"在
挑选茶叶时，指出"茶之上者，制自嫩叶幼芽，间以花蕊，其能香气袭人者，
以此入耳。劣茶则成之老叶枝干。""茶味皆得之茶素，茶素能刺激神经。
饮茶觉神旺心清，能彻夜不眠者以此。然枵腹饮之，使人头晕神乱，如中酒然，
是曰茶醉。"同时提出，"久煮之茶，味苦色黄……青年男女年在十五六
以下者……其神经统系，幼而易伤，又健于胃，无需浓茶之必要，为父母

✕ 茶壶是冲泡功夫茶的利器

者宜戒之。"

由此可见，随着近代西方科技的传入，清代已经突破传统科技观中整体认识事物的习惯思维，对饮茶的利弊功效有了更加全面科学的认识。

调饮与清饮

清代茶人中清饮盛行，并为"正统"，但是，调饮文化也盛行一时。《清稗类钞》中记述有四川太平、北京、扬州、长沙、广东等地采用调饮方式喝茶的茶俗。四川太平男女视酥油奶茶为要需，北京人茶中入香片。而扬州啜茶，"例有干丝以佐饮，亦可充饥。干丝者，缕切豆腐干以为丝，煮之，加虾米于中，调以酱油、麻油也。食时，蒸以热水，得不冷。"长沙茶肆，"有以盐姜、豆子、芝麻置于中者，曰芝麻豆子茶。"广东地区的茶馆则有所谓菊花八宝清润凉茶，茶中入有"杭菊花、大生地、土桑白、广陈皮、黑元参、干葛粉、小京柿、桂元肉八味，大半为药材也。"清代茶中调饮文化的地位大大加强，并与清饮并行发展和繁荣。

PART 08
现代茶叶从低谷走向繁荣

19 世纪末到 20 世纪前半叶，中国社会动荡不安，外国列强的侵略、各地军阀的混战、抗日战争的艰难等等，导致经济萧条、民生凋敝，中国的茶叶生产和出口量也双双急剧下降。生产量无法统计，出口量在 1945 年达到最低值，只有区区 500 吨，直到 1949 年以后，茶叶生产贸易才逐步恢复。

茶叶成为"摇钱树"

改革开放以来，中国茶叶迎来了各方面的高速发展。不仅内销茶快速发展，出口茶也稳定攀升。据中国茶叶流通协会统计，2017 年国内茶叶年消费量约 190 万吨，出口量 35.5 万吨。与此同时，除台湾地区以外的大陆地区 18 个产茶省的茶园总面积达 4588.7 万亩（约合 30.55 万平方公里），涉茶农业人口约 6000 万人。茶树成为新农村的"摇钱树"，茶叶更是山区脱贫致富的"发动机"。习近平主席曾说："一片叶子富了一方百姓"。

✕ "山峡云雾"绿茶传统制作工艺——摊青

茶叶的产业化发展

在此基础上，茶叶科学技术研究、茶叶的深度加工及综合利用方面高速发展。茶树分子生物学、茶树种子资源、茶树绿色种植、茶叶初精制加工与深加工、茶叶生物化学、茶叶与健康、茶叶的跨界利用等领域都取得了十足的进展。

茶叶含有多种营养及健康成分，茶叶的深度加工及跨产业利用正在全方位转化。近年来，我国从茶叶中提取的各种物质超过 3 万吨，这些产品主要包括茶多酚、茶色素、茶氨酸、茶皂素等，在医药健康、绿色食品、化工纺织、动物营养、植物及环境保护等方面都得到了巨大的利用。从茶叶中提取的天然色素可以在食品、纺织等行业使用，以茶为主要原材料的减肥产品更是长盛不衰，甚至手机行业也出现了用茶叶深加工的预防辐射

✕ 熏香和茶具

产品。以茶饮料、各式奶茶等为主的新式茶饮料在中国市场的销量，已经超过了碳酸饮料，年轻人对新式茶饮料的接受度越来越高。

茶叶作为中国的标志性产品，自古以来都是中国与世界交流合作的桥梁纽带。据中国茶叶流通协会统计，"一带一路"沿线的产茶国：中国、印度、斯里兰卡、土耳其、越南、印度尼西亚和孟加拉国的茶叶总产量占到世界茶叶总产量的84%。而"一带一路"沿线地区覆盖总人数约为32.1亿人，占世界人口总数的43.4%，随着这些国家的经济发展，生活水平的提高，茶叶市场潜力巨大。

"柴米油盐酱醋茶"中的茶是老百姓居家过日子的家居必备；"琴棋书画茶"则是更多人追求精神生活的象征；"药食同源，以茶养生"，以茶作餐饮行业的功能餐食、茶园深呼吸的旅游度假……茶疗的表现形式备受青睐。

进入20世纪以来，中国现代茶业迎来了大发展时期，涌现出许多新颖独特的饮茶配套产品，茶包装、饮茶空间装饰、茶家具、茶电器、茶壶茶杯茶碗等行业的整体产值甚至超过了茶叶。特别是紫砂行业和瓷器行业，其名家作品千金难得。

普通老百姓喝茶，越来越讲究喝茶的环境氛围，追求清代郑板桥"室雅何须大，花香不在多"的清净雅致的饮茶环境。更讲求文化意境的茶客还会营造茶桌上的"山水画廊"，将山水意境元素化、迷你化地陈列于茶桌上，让主人及客人饮茶的感觉仿佛"画中游"。

第二章

五颜六色的中国茶

中国茶叶产地之辽阔，品种之繁多，口味之丰富，是世界上任何一个国家无法比肩的。如果从专业的角度讲，可以从茶叶的产地、发酵程度、香型与口味等不同的角度对其进行分类。而最常见的就是通过茶叶的颜色来探究中国茶叶。

PART 01
千姿百态的中国茶

中国茶叶历史悠久，茶区辽阔。

经过数千年来大自然的优胜劣汰以及人工选择培育，我们现在常见的茶叶形状千姿百态，各类茗茶更是琳琅满目，茶叶的名字也是五花八门。有的根据干茶叶的外在形状命名，美其名曰"雀舌""瓜片""松针""骏眉""龙珠"等；有的根据采摘时间命名，比如"明前""雨前""正秋""早春"之类；还有的根据产地命名，像"西湖龙井""山峡云雾""神农奇峰"等；另外还有根据加工工艺不同来命名的，比如"炒青绿茶""茉莉花茶""普洱紧压茶"……当然，还有以茶树品种命名的，如铁观音、大红袍、水仙等，真正是"茶叶喝到老，茶名记不了。"

目前茶行较公认的分类方法是：将茶树鲜叶用不同的方法制成不同干茶，这些干茶有六大不同的种类，这就是茶叶的六大基本茶类。

也就是说，同一棵茶树上的六片鲜茶叶离开茶树之后，经过不同的环境、工艺，在不同的水分、热量、作用力、氧气以及微生物的作用下，可以呈现出六种不同的颜色：红的、绿的、青的、白的、黄的、黑的，形成了六大基本类型的茶叶：绿茶、青茶（又称乌龙茶）、红茶、白茶、黄茶及黑茶。

绿茶，开始时用高热量阻断鲜叶细胞中的氧化酶，中止鲜叶中的酶促

氧化反应，再经过揉、捻、搓、打、抓等之后，经过干燥就是绿茶。清汤绿叶，清香型，汤色绿而明亮，如西湖龙井、山峡云雾、信阳毛尖等，所以绿茶又被称为"清茶"。

红茶，开始时创造出好的水分、温度条件，充分发挥茶鲜叶的酶活性，让大量的氧气进入茶鲜叶内，经过充分的酶促氧化，之后所得到的就是红茶。红汤红叶，香气成分较多且以甜香型为主，汤色红如琥珀玫瑰。

如果在控制好水分、作用力、温度的前提下，完全掌握茶鲜叶的酶促氧化程度，就会制作成乌龙茶，如铁观音、大红袍，凤凰单枞等，既有绿茶的鲜醇，又有红茶的甜厚，茶叶泡开之后有"绿叶红镶边"或"红叶绿点明"的感觉。其颜色以青色为基调，故又被称为"青茶"。

白茶，鲜叶采下之后，不人为加热加力，让其经过长时间的自然萎凋和自然干燥，最后所得的茶叶即为白茶，汤色白中显黄，香气清雅。白毫银针、白牡丹等属于此例。

黄茶，实际上就是在绿茶工艺上增加了一道"闷黄"工艺，在绿茶经过"揉、捻、搓"等工艺之后，将保留一定水汽的半成品包起来闷，再完全烘干即是黄茶，黄汤黄叶带"闷香"。君山银针、蒙顶黄芽、峡州鹿苑茶等都属这一类。

黑茶则是在绿茶基础上再加一些工艺，在微生物的作用下进行后发酵所得到的茶叶，像普洱茶、安化黑茶、湖北边销茶等都属于这一类，泡开叶底呈褐色，滋味平和，入口顺滑。

而花茶属于再加工茶，它可以用上面的六大茶类中的任何一种为原料，再用各种花卉来熏制（窨花）而得到的。茉莉绿茶、玫瑰红茶、玉兰花茶、桂花乌龙茶等都属于这一类。茶引花香是其最大的特点。

PART 02
白茶

　　白茶的名字最早出现在唐代茶圣陆羽的《茶经·七之事》，只是其中对白茶的描述笔墨寥寥，很难断定陆羽笔下的白茶就是今天人们所说的白茶。陆羽引用的是现在已失传的地方志《永嘉图经》中所记载的"永嘉东三百里有白茶山"。永嘉就是现在浙江温州的永嘉县，"永嘉东三百里"已经到了海里，据考证，应该是永嘉南三百里，即现在的福建福鼎，白茶山有可能就是今天福建福鼎的太姥山，东三百里应该是南三百里的笔误。

"文人"宋徽宗最爱白茶

　　最痴迷于茶的皇帝宋徽宗赵佶则在其所著的《大观茶论》中写道："白茶，自为一种，与常茶不同，其条敷阐，其叶莹薄，崖林之间，偶然生出，虽非人力所可致"，并不吝"无与伦比""白茶第一"等溢美之词。

　　不过，有考证认为，宋徽宗所写白茶，非今日人们所言之白茶，而是产自宋代的皇家茶山——北苑御焙茶山，位于现在的福建省建瓯市。制作

✕ 福鼎白茶

工艺也与现今不同，而是采用先蒸后压的工艺，制成最具北宋特征的团茶。这种团茶也代表了历代团茶的最高工艺，历史上赫赫有名的"龙凤团饼"茶就产于此地。

但是无论是陆羽，还是宋徽宗，从他们所描述的文字可以看出，他们提到的白茶都是产自小白茶树，皆为野生，都还没有到达人工种植的阶段。在宋徽宗盛赞白茶为"天下第一茶"后，福建关棣县人才引种了福鼎的小白茶树，进行人工培植，此后，进贡的白茶便几乎都产自关棣县了。

宋政和年间（1111～1118年），宋徽宗以自己的年号，"遂改县名关棣为政和"。在政和茶农的不断改良下，小白茶开始走向量产。清同治年间，福鼎人培育出大白茶这一新的茶树品种。小白茶的品性特征是芽头柔弱，叶片细小，大白茶则芽头健壮，叶片大而整齐，俗称"菜茶"的小白茶外形、滋味、产量均逊于大白茶。

越陈越香的白茶

白茶的外观、色泽、叶态、香味的形成主要依靠萎凋技术，为日晒茶，加工过程中不炒不揉，对茶叶的人工干预程度最低。白茶的外形特点是"天青地白"，色泽灰绿，叶背多白色绒毛，汤色浅杏黄或浅橙黄。随着陈化程度的加深，茶色的灰绿程度越来越深，毫色由白渐渐向灰色转换，汤色亦越来越重。

中国民间有储存老白茶的习俗，储存越久越珍贵，随着时间的转化，陈化过 3～5 年的老白茶会散发出花香等异香，在一定时间内越陈越香，老白茶尚有"三年为宝，五年为药"的美誉。

白茶的形态可分为散茶和饼茶。按选料标准，白茶等级由高及低可分为白毫银针、白牡丹、贡眉、寿眉。

安吉白茶与福鼎白茶

安吉白茶和福鼎白茶从产地、茶类到茶叶树种、功效是完全不一样的。

安吉白茶是浙江省湖州市安吉县特产，属绿茶类，外形似凤羽，色泽翠绿间黄，香气清鲜持久，滋味鲜醇，汤色清澈明亮。安吉白茶富含人体所需 18 种氨基酸，高于普通绿茶 3～4 倍，多酚类少于其他的绿茶，所以安吉白茶滋味特别鲜爽，没有苦涩味。

安吉白茶有近千年的历史，早在宋代《大观茶论》中就有安吉白茶的记载。1930 年，安吉农民在孝丰镇的马铃冈发现野生白茶树数十棵。1982 年，

✕ 安吉白茶

人们在安吉天荒坪的高山上发现一株千年老茶树，其嫩叶呈玉白色，后育成"白叶一号"品种。将这种绿茶命名为安吉白茶，完全是因为炒制这种绿茶的茶树鲜叶绿中带白。

福鼎白茶是福建省福鼎市特产，其外形芽毫完整，汤色杏黄清澈，具有滋味清淡、清甜爽口的品质特点。根据采摘芽叶的不同，可分为白毫银针、白牡丹、寿眉、新工艺白茶等，近年来，根据市场需要又推出紧压白茶等。福鼎白茶的自由基含量最低，黄酮含量最高，氨基酸含量平均值高于其他茶类，具有清热祛火的功效。

白茶新茶的汤色色调前几泡以黄绿色为主，白毫银针最淡，如同象牙色，白牡丹、寿眉的黄绿色较为明显。而经过三五年甚至更长时间陈化的老白茶因为内含物质经过了长时间的转化，汤色逐渐变深，颜色变为杏黄色、琥珀色、赤金色。影响老白茶汤色的因素除了储存年份（年份越长，汤色越重）、白茶形态（与散茶比，饼茶的汤色更深一些）外，冲泡方式和时间（快出水和坐杯闷泡）不同，泡出来的茶汤颜色也不一样。

PART 03

绿茶

绿茶是中国生产历史最久、品类最多的茶类。中国最早的绿茶制作可以追溯至远古人类对野茶树芽的采摘、晾晒和饮用。真正有据可考的绿茶加工制作始于公元 8 世纪的蒸青法。制作绿茶的工艺过程精致而繁复，先依适时的节令从茶树上采摘新鲜的芽或芽叶，后经杀青、揉捻、炒制、干燥等工艺制成。

不同的绿茶品种加工制作工艺略有不同，主要体现在杀青和干燥上的不同，分为蒸青绿茶、炒青绿茶、烘青绿茶和晒青绿茶。

蒸青是中国古代最早发明的绿茶制法，唐宋时盛行，后传至日本，是利用蒸汽破坏鲜叶中的活性酶，成茶具有干茶色泽深绿，茶汤浅绿，茶底青绿的"三绿"特点。现在中国的蒸青绿茶主要出口日本。

中国的炒青绿茶始于南宋，明代开始推而广之，之后蒸青绿茶逐渐减少。时至今日，炒青仍是中国最主要的绿茶加工方法，产量也最大。炒青绿茶因其加工方法各异，成茶后的外形不同，分为长炒青、平炒青、扁炒青。

烘青绿茶因其在杀青、揉捻后以烘焙方式干燥而得名。烘青绿茶不如炒青绿茶的外形那么光滑紧索，但条形完整，锋苗显露，色泽润绿，汤色亮绿，香气醇和。烘青绿茶的外形有条形烘青（如黄山毛峰）、尖形烘青

✕ 六安瓜片

✕ 西湖龙井

（如太平猴魁）、片形烘青（如六安瓜片）、针形烘青（如信阳毛尖）四类。烘青绿茶还可以用于窨制花茶。

晒青绿茶是在杀青、揉捻后用日光晒干而成。晒青绿茶香气较低，汤色叶底呈黄褐色。主要品种有云南的滇青、陕西的陕青、四川的川青、贵州的黔青和广西的桂青。晒青绿茶一般用作紧压茶的原料。

因绿茶加工未经发酵，茶叶中保留了较多的茶多酚、咖啡碱、叶绿素、氨基酸等天然物质，形成色、香、味、形兼具的特点，故而"清汤绿叶"，汤色清绿，香气清幽，滋味鲜爽。

名品繁多的绿茶

绿茶是我国茶产量最大，品种、品名最多，最受茶客青睐的茶类。绿茶的外形有针形茶，如信阳毛尖；有扁形茶，如西湖龙井；有曲螺形茶，如碧螺春；有片形茶，如六安瓜片；有兰花形茶，如太平猴魁，等等。生产绿茶的主要省份有河南、贵州、江西、安徽、浙江、江苏、四川、陕西、湖南、广西、福建，其中以浙江、安徽、江西产量最高。

西湖龙井位列中国十大名茶之首。据说清朝乾隆皇帝游览杭州西湖时不仅盛赞西湖龙井，还把狮峰山下胡公庙前现在为龙井村的十八棵茶树封为"御树"。龙井茶色泽翠绿，香气浓郁，甘醇爽口，形如雀舌，特点为色绿、香郁、味甘、形美。龙井茶因产地不同，分为西湖龙井、钱塘龙井、越州龙井，除了杭州西湖区所管辖的范围所产茶叶被称为西湖龙井外，其他产地所产龙井被统称为浙江龙井。西湖龙井又根据产地分为狮（狮峰）、龙（龙井）、云（云栖）、虎（虎跑）和民国后产量和名气都有很大提升的梅家坞。

碧螺春为中国十大名茶之一，产于太湖东洞庭山和西洞庭山。碧螺春已经有一千多年历史，民间又称"吓煞人香"。清朝康熙皇帝巡幸太湖时品尝了这种汤色碧绿，卷曲如螺的名茶，倍加赞赏，赐名"碧螺春"。因碧螺春产区有茶、果间种的传统，茶树和桃、李、杏、梅、桔、柿、白果等果木交错相种，茶吸果香，花窨茶味，所以茶带果香。碧螺春"铜丝条，螺旋形，浑身毛，花香果味，鲜爽生津"，外形条索纤细紧结，茸毛遍布，银绿隐翠，叶芽幼嫩，汤色嫩绿明亮，清香袭人。

黄山毛峰是中国十大名茶之一，产于安徽省黄山一带，由于新制茶叶白毫披身，芽尖锋芒，且鲜叶采自黄山高峰，遂被取名为黄山毛峰，清朝光绪年间（1875～1908年）由谢裕大茶庄创制。黄山茶可以追溯到1200年前的盛唐时代，明代《中国名茶志》载："黄山云雾：产于徽州黄山。"明代黄山茶已独具特色，声名鹊起，黄山毛峰茶的雏形初具。清代江澄云在《素壶便录》中记述："黄山有云雾茶，产高山绝顶，烟云荡漾，雾露滋培，其柯有历百年者，气息恬雅，芳香扑鼻，绝无俗味，当为茶品中第一。"黄山毛峰外形微卷，状似雀舌绿中泛黄，银毫显露，带有金黄色鱼叶（俗称黄金片）。汤色清碧微黄，滋味醇甘，香气如兰，韵味悠长。

信阳毛尖为中国十大名茶之一。唐朝时信阳就已成为著名的"淮南茶区"，所产茶叶被列为贡茶，北宋时苏东坡称"淮南茶信阳第一"。1915年，信阳毛尖在巴拿马万国博览会上与贵州茅台同获金质奖。信阳毛尖香气高雅，味道鲜爽，醇香回甘，外形匀整，鲜绿有光泽，白毫显露，汤色或嫩绿或黄绿，明亮清澈。

太平猴魁，全国十大名茶之一，产于安徽太平县，为尖茶之极品，久

负盛名。初为猴魁先祖郑守庆于清朝在山高土肥，云雾蒸缭的麻川河畔开辟出的一块茶园，后郑本魁等茶农生产出的扁平挺直，鲜爽味醇，且有兰花香气的"尖茶"，冠名"太平尖茶"，为太平猴魁的前身。在1915年巴拿马万国博览会上，太平猴魁以其独特的品质荣获一等金质奖章。太平猴魁茶叶挺直、两端略尖、肥厚壮实、通体白毫，叶色苍绿匀润，叶脉绿中隐红，兰香高爽，滋味醇厚回甘，汤色清绿明澈。

中国知名绿茶千百年来一直保持着一地一产的格局，加工方式烘炒揉泾渭分明。不过，目前市场上也出现了创新配方茶，如山峡云雾，将不同产地的茶叶按不同的比例进行科学拼配。这类配方茶选用不同海拔高度的茶树叶，按不同的比例进行科学拼配，最后的成品茶往往能兼具龙井之香、碧螺之鲜、毛尖之浓。

PART 04
黄茶

对黄茶最早的文字记载见于《资治通鉴》，唐代宗大历十四年（779年）"遣中使邵光超赐李希烈旌节；希烈赠之仆、马及缣七百匹，黄茗二百斤"，由此可见，黄茶（黄茗）至少在唐代中期已经被当作贵重礼物了。李希烈当时是淮西节度使，从另一方面佐证了安徽当时可能是黄茶的主要产地之一。因为历史悠久，品质优异，黄茶在宋代是进贡给皇帝的贡茶之一。

黄茶的"黄"从何而来

黄茶从古到今都有，但在不同的历史时期，不同的观察方法赋予黄茶不同的概念和含义。

历史上最早记载的黄茶不同于当今所指的黄茶，而是依茶树品种原有特征，茶树生长的芽叶自然显露黄色而言。如在唐代享有盛名的安徽寿州黄茶和作为贡茶的四川蒙顶黄芽，都因芽叶自然发黄而得名。在未形成系统的茶叶分类理论之前，人们大都凭直观感觉辨别黄茶。这种识别黄茶的

✕ 蒙顶黄芽，叶细而长，味甘而清，色黄而碧

方法，混淆了加工方法和茶叶品质均不相同的几个茶类。如因鲜叶具嫩黄色芽叶而得名的黄茶，实为绿茶类。还有采制粗老的晒青绿茶和陈绿茶等都是黄色黄汤，很易被误认为是黄茶。其实，绿叶变黄对绿茶来说是品质不佳造成的，而对黄茶来说，则要创造条件促进黄变，这是黄茶制造的特点。

黄茶的生产加工过程十分复杂，属于后微发酵茶。有说黄茶的产生源于偶然发生的美好的错误：在绿茶加工的过程中，由于加工工艺掌握不当，造成叶色变黄，及至黄叶黄汤，于是黄茶诞生。

黄茶在外形上和绿茶有相似之处，茶叶新鲜，绿色中带有淡淡的金黄色。虽然黄茶的加工过程与绿茶相似，口感新鲜、清爽，但没有绿茶的涩味，更加柔和、香甜。这种特征和口感是由黄茶生产过程中独特的闷黄工艺造成的。

闷黄是将采摘好的茶青进行杀青和揉捻后堆成堆，然后用白布包起来，少则放置几个小时，多则放置几天时间。在这段时间里，茶叶堆内部会发热，其间要不间断地往茶叶堆内添加蒸汽，调整湿度，使茶叶堆内的茶叶发生化学反应，令茶叶的味道和香气更加柔和。布包包茶叶的方法、包的时间，添加蒸汽的时间长短、次数多少，都会对黄茶的品质和香气带来不同的影响。

黄茶按鲜叶老嫩、芽叶大小又分为黄芽茶、黄小茶和黄大茶。黄芽茶主要有君山银针、蒙顶黄芽和霍山黄芽、远安黄茶。沩山毛尖、平阳黄汤、雅安黄茶等均属黄小茶。三峡库区蓄水以后，秭归山区常年雾气笼罩，形成了独具特色的秭归黄茶，也属于黄小茶。而安徽皖西金寨、霍山，湖北英山和广东大叶青则为黄大茶。黄茶的品质特点是"黄叶黄汤"。湖南岳阳为中国黄茶之乡。

因为黄茶的生产加工工艺复杂，耗时费力，所以产量在逐年减少，需求量也逐年下降。目前，黄茶在中国的产量和销量是最低的，但黄茶在中国的茶叶历史上的地位举足轻重。

韩国也是黄茶的生产国。韩国黄茶和中国生产的黄茶略有不同，韩国黄茶没有杀青工序，采摘后将茶青直接放在阳光下萎凋，然后进行较大程度的揉捻，随后闷黄，以至于西方的一些茶学专家认为韩国的黄茶更加"茶如其名"。

PART 05

青茶

青茶又名乌龙茶，属于半发酵茶，其发酵程度介于绿茶和红茶之间，口感香气和汤色亦然，既有绿茶的清新爽口，又有红茶的醇厚馥郁，有绿茶的清香但无绿茶的苦涩，有红茶的甘醇但香气更饱满。

如果用数字来表示发酵程度的话，绿茶的发酵程度为 0，红茶的发酵程度为 100，青茶的发酵程度为 10 ~ 80，因发酵程度的不同，乌龙茶呈现给人们不同的香气和味道。

有关乌龙茶的记载，最早见于北宋年间的北苑贡茶乌龙茶，不过也有人认为，当时的乌龙茶其实是一种绿茶。关于北苑贡茶乌龙茶的采摘制茶工艺，唐代诗人皇甫冉曾在送给茶圣陆羽的诗里写道："采茶非采菉，远远上层崖，布叶春风暖，盈筐白日斜。"春日里采满一筐的茶青要在山崖上费时整日。经过了一整天积压的茶青，因氧化作用变为红紫色或红褐色，到了晚上，叶边泛红在所难免，而且如此这般的茶青应该也有了一定程度的发酵。

在唐代北苑贡茶之后，武夷山茶在元、明、清代都有着贡茶的地位。现在人们所说的乌龙茶，也是在福建安溪人的武夷山茶制法的基础上发展而来的。福建《安溪县志》记载："安溪人于清雍正三年（1725 年）首先

╳ 武夷山岩茶采摘

✕ 安溪铁观音

发明乌龙茶做法，以后传入闽北和台湾。"

相传，福建安溪西坪乡南岩村有一姓苏名龙的茶农，人长得十分黑硕壮实，人们叫他做"乌龙"。某日，乌龙到山上打猎采茶，因追捕一头山上的獐子而迟归，返家后家人因忙于制作分享獐子的美味而疏忽了制茶这件事。第二天清早起来，乌龙发现头一天晚上采回来的茶青放置了一夜之后叶边已是红色，用之炒制出来的茶叶泡茶，非但没有苦涩之味，反而特别清香而醇厚。此后经过当地茶农的不断摸索改进，乌龙茶的制法在广东、台湾等地形成了自己的风格。

乌龙茶常见的外形有条形茶和珠形茶，加工工艺比较复杂，主要有采叶、萎凋、做青、杀青、揉捻（制成珠茶的过程叫包揉）、干燥、烘焙等工序。其中做青是乌龙茶制作过程中最关键的步骤，用竹筛有节奏地摇晃筛动萎凋后的茶叶使茶叶的边缘受到损坏，破坏茶叶的细胞膜使细胞液流出，促进茶叶氧化，从而出现乌龙茶标志性的特征"绿叶红镶边"，即叶是绿色，叶边为红色。

乌龙茶根据不同的产地分为四大种，分别是闽北乌龙、闽南乌龙、广东乌龙、台湾乌龙。中国乌龙茶的著名品种主要有：武夷山岩茶、安溪铁观音、永春佛手、闽北水仙、广东凤凰单枞、台湾冻顶乌龙等。福建安溪是中国最大的乌龙茶产地。

此"青"非彼"清"

青茶乌龙之青色，介于绿与蓝之间，类似洁净的深湖湖面之色。绿茶在许多地方又称"清茶"，这是一种俗称，用以形容绿茶的汤色"清澈透亮"。

青茶采摘茶鲜叶的品种一般大而壮实，其种植的茶山到加工厂区相当遥远，经茶农长距离"肩挑背驮"，山路又多崎岖，鲜叶在担茶容器中互相摩擦碰撞，使其制成干茶后颜色有红有绿还有青色，茶味既有红茶的鲜甜，还有绿茶的清香。因其形成过程有些误打误撞，而广东、福建一带的"乌龙"一词主要是这个意思，所以，当有人说上一杯清茶时，指的是要绿茶，而说沏一壶乌龙，则点的是"青茶"。青茶的品种也很多，还要具体说明是要"铁观音"，还是"大红袍"或者"漳平水仙"等等。

PART 06
红茶

红茶是发酵茶，是茶叶世界贸易最大宗的茶类。因当年从中国运往欧洲要横跨大洋大洲，单程都要花费两年左右时间，当红茶呈现在英国人面前时，茶叶已经一片黢黑，于是被称为"black tea"，将错就错，直到现在。

红茶的制作工艺颇为繁复和讲究。在采摘茶青后，经过晒、揉、切、筛、置、燥等工序，茶青由嫩绿变为乌青或棕黑，上品条索紧实，芽尖叶细，匀称整齐，金毫毕现，冲泡后茶汤橙红金亮，香高味长，滋味醇厚悠长。好的红茶会冲泡出兰花香、蜜糖香、花果香、松烟香等别致迷人的香气。

据传，最早荷兰从中国进口继而向其他欧洲国家出口的茶叶是绿茶。只是这些绿茶从中国出发，经过长时间的海运，在潮湿闷热的环境下发酵而变成了红茶。但茶学界普遍认为，红茶的开山鼻祖是福建武夷山桐木村生产的正山小种。

明末清初，位于福建、江西交接处的桐木村的茶农以制贩绿茶为生。某年正值采青制茶之季，清军追讨辗转残留在这一带的明朝叛军。茶农为躲避清军，在逃走前将尚未制作完成的茶叶用松枝烟熏处理之后保管起来。待清军撤离之后，茶农们将之前用松枝处理过的茶叶拿出来，发现茶叶里充满了松枝烟熏过的味道。茶农无奈，只能将口感变坏的茶叶低价卖出。

谁知欧洲人买到这批茶叶后竟然喜欢上了这种特别的味道。于是这种桐木关的正山小种红茶在欧洲走红，茶价翻番。这就是传说中红茶的起源。

中国红茶四大类中最具代表性的是安徽的祁门红茶，简称祁红。祁门红茶自19世纪70年代开始生产，1915年曾获得过巴拿马万国博览会金奖。顶级的祁门红茶有醇香的水果味或隐约的兰香，微妙、优雅、香甜。

清代叶瑞廷著作《纯蒲随笔》里写道："红茶起自道光季年，江西估客收茶义宁州，因进峒教以红茶做法"，说的就是红茶中的宁红的起源（江西的修水县即古代的义宁州，是宁红茶的主要产地）。宁红茶香高味长，汤清色亮，清光绪三十年（1904年）被列为贡品，即太子茶。

中国红茶的另一大品类——滇红成名更晚。1938年，滇红在澜沧江边山高谷峡、水急雾重的凤庆首次出现。因为当地特殊的地理、气候、物种等条件，地上多腐殖土，茶树多高大多枝，芽叶硕健，故滇红成茶味香而

✕ 特级祁门红茶——祁眉

醇，浓且厚，甘而远。

红茶还有一个品种是宜红，俗称宜昌工夫红茶，产于宜昌的三峡地区。唐代陆羽《茶经》有载："巴山峡川有两人合抱者""山南，以峡州上"。红茶的产地首推三峡。宜红茶品形俱佳，很受西方人欢迎，于是销路大畅。宜红由英国传售至西欧，后来美国、德国也时有购买，有书记载"洋人称之为高品"，正因如此，宜红得到大量发展。1876年，宜昌被列为对外通商口岸后，宜红出口量便一下猛增。据中国茶叶公司资料：至1886年前后，每年宜红输出量都在15万担左右。在当年的出口所有品种中排名前列。

大吉岭红茶、乌瓦红茶、祁门红茶被并称为"世界三大红茶"。鸦片战争之后，印度、斯里兰卡、肯尼亚占据世界红茶产量的前三位。红茶出口量最大的国家是斯里兰卡、肯尼亚。

PART 07
黑茶

黑茶是中国六大茶类之一，是中国特有的茶叶品种。据历史记载，北宋熙宁年间（1068～1077年），四川地区经销边茶，当时用较为粗老的茶原料蒸压后变为黑色贩运，是为黑茶的起源。有关黑茶最早的文字记载见于《明史·食货志四·茶法》："嘉靖三年，御史陈讲以商茶低伪，悉征黑茶，地产有限，乃第茶为上中二品，印烙篦上，书商名而考之。"

16世纪末，湖南安化黑茶逐渐取代了四川黑茶。新中国成立后，黑茶产地陆续扩展到湖南的桃江、沅江、汉寿、凝香、益阳、临湘等地。黑茶最初主要用于边销，少量用于内销或销售给华侨，是中国边疆及藏族、蒙古族、维吾尔族等少数民族日常生活中的必备饮品。

黑茶是后发酵茶。黑茶的茶青原料一般比较粗老，经过渥堆微生物发酵后叶色呈油黑或黑褐色，故被称为黑茶。黑茶因产地、品种、制作工艺的不同，分为湖南黑茶、湖北老青茶、四川边茶、滇桂黑茶四大品类。湖南黑茶以安化黑茶为代表，"其色如铁，而芳香异常"。安化黑茶中集黑茶制作工艺之大成的"千两茶"被尊称为"世界茶王"。安化黑茶在特殊的制作工艺过程中会自然发酵生成冠突散囊菌（俗称金花），其中富含18种氨基酸，450余种对人体有益的成分。

✕ 普洱茶

茶马古道上的"七子饼"

　　滇桂黑茶主要是云南普洱茶和广西六堡茶。普洱茶又分为生茶和熟茶。普洱生茶是在杀青、揉捻、干燥等初加工后，将357克一份的茶叶放在底部有孔的筒状容器中用蒸汽蒸软后，在白色布袋中由机器压成饼状（以前为人站在石头上踩压），冷却干燥后每饼茶用棉纸包装，每七饼茶为一提再用笋壳包装，俗称"七子饼"。

　　"七子饼"源于唐代的茶马互市边境贸易。交易时，则将七张饼捆绑好后再加一张饼，多出来的那张饼是用来上税的。另外，"七子饼"也便于当时的马帮运输统计。一饼茶357克，7饼茶共2499克，约2.5公斤，

茶叶的保质期

茶叶保质期的标注长短和茶叶类别有很大的关系，绿茶以及北京人喜爱的茉莉花茶的保质期相对较短，一般是12个月或18个月，但是如果茶叶产品本身的品质优异，贮存得法，超过一倍时间也没有问题。铁观音、红茶、黑茶等，其保质期相对较长。另外，即使用"过了期"的绿茶（比如两年前采制的晒青绿茶）来压制饼茶，其品质依然是很棒的。

有些茶强调无限期的"越陈越香"，其实是错误的。任何食品每一天都在发生变化，色香味的呈现其实都是茶叶的内含物（茶多酚、氨基酸、脂多糖等）遇水体现出来的。当这些内含物转化为最大值之后，必定再呈下降趋势。随着时间的推移，其饮用价值自然越来越小。

一件12筒约30公斤，一匹马驮2件约60公斤。

古时茶马古道路途遥远，行程艰辛，运茶的马帮一走就是好几个月，途中思妻念子，所以"七子饼"又寓意为"妻子饼"。传统的中国文化中，"七"又有多的意思，象征着多子多福，多财多禄。

优质的普洱生茶滋味醇厚清香，汤色澄明透亮，随着时间的流淌，汤色会越来越深，若储存得当，几十年后的普洱生茶汤色会变化为琥珀色或酒红色。品质上佳的普洱生茶在温度、湿度适宜，且通风良好的环境下保存，经过长时间的转化，越陈越香。

因为普洱茶生茶自然成熟和转化的时间漫长，1973年，云南省昆明茶厂尝试了普洱茶的人工渥堆快速发酵技术，其后勐海茶厂又将这一工艺进一步发展。2015年昆明茶厂经研究决定开始用"唛号"来区别不同茶厂不同品质不同年份生产的茶，从此真正有了普洱熟茶产品。

只是，任何食品都有一个保质期，黑茶也不例外。传统的黑茶制作有一个后续的微生物发酵过程，在贮存收藏的过程中，在特定的条件下有一个向好转化的时间段。

PART 08
花茶

　　花茶，又叫香片。所有的茶，所有的花，都可以用来制作花茶，只要有人喜欢。花茶既有所有沏茶的甘醇，又有花的芬芳，是市场上较受欢迎的一种再加工茶。按用花的类型来分，又可分为窨花茶和拼花茶两类。

　　常见的茶用香花可以分为两类，气质花和体质花。所谓气质花，就是只有在鲜花开放的过程中才吐香的花，比如茉莉花和珠兰花等，这类花晒干之后所含香气极少，所以用这类花加工花茶，其工艺较为复杂，俗称"窨茶"。所谓体质花，则是该种花无论是鲜花还是晒成干花，其花瓣中都含有香气，比如玫瑰花、玉兰花等，用这类花加工花茶相对简单，只需根据喜好，将干花与干茶按照一定的比例混合均匀即可，俗称"拼花茶"。

　　茉莉花茶是我国特有的品种，而且生产量最大，占整个花茶市场生产量的 90% 以上。元代诗人江奎则赞曰"虽无艳态惊群目，幸有清香压九秋"，"他年我若修花史，列作人间第一香"。福州籍大作家冰心（1900～1999年）曾说：喝家乡的茉莉花茶，像是走进了春天的大花园。

　　茉莉花茶是中国北方销量最大的茶类。茉莉花茶的品种往往以成品茶叶的颜色和形状命名。目前，市场上花茶的名字往往是由销售的大商家自行命名，所以张三公司的龙毫与李四公司的龙毫可能有着很大不同。

✕ 茉莉花茶

茉莉银毫、茉莉大白毫、茉莉茶王、茉莉银针、茉莉绣球、茉莉瑞雪
等都是目前市场上较受欢迎的商家自行命名的品种。

茉莉花茶是"窨"的次数越多越好吗

茉莉花茶工艺复杂，与其他茶类最大的不同便是花在茶中的作用举足
轻重。在人工将茶叶和茉莉花调和的过程中，便有了技法与手法上的高下
之分。所以有人说，茉莉花茶越窨越见心性。现在最好的茉莉花茶可以多
达九窨。

什么是"窨"？花茶的制作工艺就叫窨花工艺。窨，其实就是花与茶

亲密接触再分离的整个过程。整个窨花过程繁琐复杂，包括茶坯准备、鲜花维护、拌和窨花、通花、续窨、出花、烘干、转窨等流程，不但对茶叶和花朵的品质要求极高，而且每个过程中都必须认真小心，否则哪个环节稍有不当都会影响花茶品质。窨花工艺是茶叶制作领域最为繁复的工艺之一。窨制次数越多，工序越复杂，毁茶的风险就越大，当然也代表了成功窨制后此茉莉花的等级越高，一般茉莉花能窨到 5 窨以上的茉莉花茶便已经是非常难得。

茉莉花茶的窨制次数也讲究一个度，视茶叶品种的不同而分别进行不同的窨数。茶叶为什么能吸收香气？主要是因为茶叶为疏松多孔物质，其内部有很多细微小孔。这些毛细管的表面积越大，其吸香能力越强，当这些毛细管充分吸收香气之后，再加多的茉莉鲜花也无济于事，所以并不是"窨"的次越多就越好。

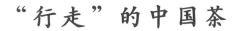

第三章

"行走"的中国茶

　　曾几何时，一片小小的茶树叶，无论是经杀青制成绿茶，还是发酵制成红茶，抑或是压紧制成砖茶，它们北上西进，或经茶马古道越过茫茫沙漠；或漂洋过海，沿海上丝路穿过大洲大洋。英国作家艾伦·麦克法兰、艾丽斯·麦克法兰在其著作《绿色黄金：茶叶帝国》中比较了茶叶、咖啡和可可三种世界性的饮料后认为："只有茶叶成功地征服了全世界。"

PART 01
万变不离其宗的茶"音"

最初的茶叶是沿着陆上丝绸之路向西传播的。世界各国最先饮用的茶叶都是直接或间接地从中国传过去的。据研究，现今世界7000多种语言中，关于茶字虽然书写的形状不一，但其读音大都能从中国"茶"字的地方方言中寻觅到踪迹，也就是说，各国语言中与茶相通的字都是中国茶字的译音。

南朝齐武帝萧赜永明年间（483～493年），土耳其商队首先来到中国华北边疆进行交易，购买茶叶转售阿拉伯人。阿拉伯人最先称茶叶为"Chan"或"Sax"，到现在都有相似的字。如阿拉伯语"Shai"，土耳其语"Chay"都译自中原省份的"Chay"（茶叶）。以后中国茶叶逐渐分散转售，欧洲各国都有华茶市场，虽数量不多，但都有茶的观念。

中国商人正式经营茶叶出口贸易，最先是中原人，其次是福建厦门人。因此，各国茶字的译音都由中原省份语和福建（厦门）省份语演变而来。各国茶字音译可分为两大系统。

比如，厦门茶字的发音是"te"，即"tai"，读音如"退"。厦门人最先运茶叶至爪哇万丹，首先售给荷兰人。荷兰人由厦门音"tai"用拉丁文译成"Thee"。欧洲各国除葡萄牙外，初时都依赖荷兰供给茶叶，因此，茶字译音都是由厦门语音转变而来的。英语"Tea"原来发音是"Tay"，

✕ 阿拉伯风格的薄荷茶

后变为"Tee"，都是由荷文"Thee"转变而成。1650～1659年，英国有关记述茶叶的文献中就有"Tee"字，发音为"Tay"。1660年开始拼成"Tea"，但直至18世纪中叶，发音仍为"Tay"。其他各国的茶字，也如英语一般由厦门语演变而成，如拉丁语 Thea，法语 Thé 等。

俄国商队最早是来故都（今北京）运茶，所以俄语茶字发音是从北京的普通话发音演变而来的。

PART 02
由来已久的茶叶贸易

汉代以来，"盐铁"系政府专卖，而进入唐宋之后，冶炼技术大发展，铁器得来变得比较容易，所以铁就被茶取而代之。另外，中原之外的少数民族，有钱也买不到茶，必须用马换茶。对于中原的主政者而言，"彼得茶而怀向顺，我得马而壮军威"，茶与马是当时王朝最重要的战略物资，必须国家专营，茶马御史都是皇帝身边的红人。

据史料记载，西汉时日本通过乐浪郡（今朝鲜平壤市南。西汉元封三年，即公元前108年，汉武帝平定卫氏朝鲜及其属国后，在今朝鲜半岛设置的汉四郡之一）与中国来往，西汉文化开始输入日本，中国茶叶也随之传入日本福冈。也是在西汉时期，中国与南洋各国开始海路通商，据此可推断，中国茶叶"走出去"已有两千多年历史。

而中国茶叶的陆路贸易，可以追溯到南北朝时期。当时土耳其商人来到中国西北边境以茶易物，开始了中国茶叶的陆路对外贸易。唐玄宗开元二年（714年），官府在广州设置"市舶使"，职责是向宫廷进献海外珍品，兼管海外贸易，当时已有商人大量输出茶叶。五代时期（907～960年），福建泉州的海上交通逐渐发展，泉州清源山出产贡茶，茶产业兴旺，外销商品中也有大量陶瓷和茶叶。

宋代官府在广州设市舶司，这是中国第一个专管对外贸易的官方机构。

宋太宗淳化三年（992年），印度尼西亚使节来华，两国通商，中国运往印度尼西亚的商品主要是丝织品、茶叶、瓷器等。宋哲宗元祐二年（1087年），广州、泉州有商船驶往南洋，明州（宁波）商船驶往日本、高丽，茶叶亦是主要商品之一。

到了南宋，泉州成为我国对东南亚、西亚以及非洲贸易的主要港口，福建茶叶大量运往南洋、日本等地。明初，官府设立了广州通南洋、宁波通日本、泉州通琉球三处市舶司，主理专务船只往来贸易。

元灭南宋时，沿海一带百姓纷纷远渡南洋谋生，茶叶随之大量出现在南洋市场上，其中多为福建茶叶。

明朝建立初期，朝廷采取积极的对外政策，曾七次派遣郑和下西洋，郑和的足迹遍及东南亚、阿拉伯半岛、非洲东岸，加强了中国与这些地区国家的经济贸易往来，使茶叶输出量大量提高。

1545年前后，意大利人赖麦锡的《航海记集成》中提到了中国茶叶，这是欧洲最早的有关茶叶的文献记载。明万历三十五年（1607年），荷兰人从爪哇来澳门贩运茶叶，并于1610年转运至欧洲，成为西方人到东方来运输贩卖茶叶的开始。1616年，中国茶叶运销丹麦。1618年，明朝廷派钦差大臣入俄，向俄皇馈赠茶叶。

清代赵翼（1727～1814年）在《檐曝杂记》中写道："自前明已设茶马御史……大西洋距中国十万里，其番舶来，所需中国之物，亦惟茶是急，满船载归，则其用且极于西海之外矣"。从此，茶叶开始在欧洲人的餐桌上有了一席之地。

1657年，中国茶叶在法国市场销售。清康熙八年（1669年），东印度公司开始运送茶叶到英国。康熙二十八年（1689年），福建厦门出口茶叶150担，从此，中国茶叶直接销往英国市场。

自从东印度公司开始从事茶叶贸易，便开始垄断市场，导致茶叶价格

✕ 斯里兰卡茶园中的采茶人

奇高。其实，中国卖到欧洲的茶叶初始价格比较公道，但英国政府课以重税，商家随意加价，使得茶叶的价格变得十分昂贵。1711～1810年，英国政府仅从茶叶上面就收到了7700万英镑的税。同一时期，荷兰阿姆斯特丹每磅茶叶的售价为3先令4便士，英国伦敦则高达2英镑18先令4便士。于是茶叶商家为了暴利纷纷铤而走险，私运十分盛行。大量私茶由外轮运抵英国南岸。当时英国茶叶的实际消耗量和英国官方统计的进口量出入很大。有鉴于此，英国议会决定废除茶税。英国的茶税从190%降到了12.5%。此后，英国官方统计的茶叶进口量激增，饮茶人口和国家的相关收入大增。1793年，英国政府一年的茶叶税收是60万英镑；到了1833年，这个数字翻了五倍半，达到330万英镑。于是，饮茶从17世纪初上流社会的奢侈享受，变成了18世纪中期几乎所有英国家庭早餐和下午茶的平常饮品。

PART 03
中国茶叶东渡扶桑

虽然茶叶早在汉代就已传入日本，但是茶树苗和制茶技艺是在隋唐时期传入日本的。日本在大化革新（645年）后全面学习盛唐的文明和文化，派使团来中国学习建筑、音乐等文化，派僧人到中国学习佛法，中国的茶叶种植、制作和饮茶方法伴随着文化和佛教更多地传入日本。

日本高僧，奉诏随遣唐使入唐求法的最澄大师于唐德宗贞元二十年（804年）到浙江天台山国清寺学习佛教，次年归国时携带若干茶籽试种于近江日吉神社旁边。相传日本最早的茶园池上茶园即为最澄大师所种。今天在日本京都比叡山东麓的"日吉茶园之碑"仍记载着最澄大师辟园、种园、植茶的史料。804年，日本空海（弘法大师）来中国学佛，后也带了不少茶籽回日本。

大化革新

大化革新，是古代日本社会政治变革运动，发生于645年，因这一年正好是日本大化元年，故得此名。

大化二年（646年）正月初一，日本孝德天皇颁布《改新之诏》，正式开始改革。其主要内容是：废除大贵族垄断政权的体制，向中国唐朝政治和经济体制学习，成立古代中央集权国家。大化革新后，大和正式改名日本国，意为"日出之处的国家"。

大化革新与明治维新并称为日本历史上两次重要变革。大化革新将日本从奴隶社会过渡到了封建社会，明治维新将日本从封建社会过渡到了资本主义社会。

× 日本的茶田

　　宋朝，中日僧侣间往来交流渐多，日本僧人荣西（1141～1215年）两次来到中国，到过浙江天台、四明、天潼等地。荣西在宁波天台山学习佛法，回日本时带走了天台山的茶叶种子，并亲自种植于筑前的脊振山（今日福冈西南）。他还将中国当时的制茶技艺和相关书籍带回了日本，并撰写了日本的第一本茶书——《吃茶养生记》。荣西的倡导促进了中国茶叶在日本的种植、制作、饮用的普及，在日本民间被尊奉为"茶祖"。

　　宋代，成都临济宗禅僧圆悟克勤（1063～1135年）耗时20年编成"禅门第一书"——《碧岩录》。后来，圆悟克勤给继承其法的弟子虎丘绍隆手书的"印可状"流传至日本，被日本大德寺一休禅师（1394～1481年，也就是曾经风靡的动画片《聪明的一休》的原型）珍藏。"印可状"是禅宗认可修行者的参悟并允其嗣法的证明，内容述及禅由印度传入中国并至宋代分为各派的经过，并指明了禅的精神。圆悟克勤禅师的这份"印可状"

一直被茶道家视为禅僧书迹之首，深受重视。

此后，一休禅师将日本茶式规范化，并将"印可状"传给了弟子村田珠光（1423～1502年）。据说，村田珠光跟随一休禅师在大德寺习禅期间，把参禅与吃茶视为一体，其开创的"草庵茶"被视为后世茶道的出发点，而村田珠光也因此被认为是日本茶道的开山鼻祖。与村田珠光同时期的能阿弥（1397～1471年）发明的点茶法，规定茶人要穿武士的礼服狩衣，置茶台子，对点茶用具、茶具位置、拿法、顺序、进出动作都有严格规定。现在日本茶道的程序，就出自他。如果说村田珠光是日本茶道的鼻祖，那么能阿弥就是日本茶道的先驱。

村田珠光的徒孙武野绍鸥（1502～1555年）则将前人参禅悟道的自省美学实践于日本茶道的各个环节，在草庵茶的基础上发展出了简约的佗茶，并开创了在茶具、茶室和茶花上新颖独特的邵鸥派。除此之外，武野绍鸥还发明了很多茶道器，比如：定家色纸、信乐水壶、濑户烧天目、羽渊茶勺、竹藤炭筐等。

到了16世纪中叶，千利休（1522～1591年），也就是武野绍鸥的徒弟，在继承前辈茶人的基础上，将草庵茶推向了极致。茶道不再单单是一种追求"和敬清寂"的精神典仪，还成为一门融绘画、插花、陶器、书法、建筑于一体的美的艺术。

在日本茶道的历史中，人们一般将村田珠光看作是茶道鼻祖，将武野绍鸥定位为中兴名人，将千利休作为集茶道文化之大成者。

1903～1906年，日本近代文明启蒙期最重要的人物，美术家、思想家冈仓天心（1863～1913年）以茶道为媒介，撰写了《茶之书》，向西方世界讲述日本国民对艺术的热爱。《茶之书》先后被译为法语、德语、西班牙语、瑞典语等文字，还入选了美国的中学教科书，被世人誉为向西方世界谱写了一曲意味深远的以"茶道"为主题的"高山流水"。

PART 04
先征服英国再征服世界的红茶

茶叶作为最早在世界上流通的商品之一，同时也是改变世界进程的商品，是世界上最受欢迎的饮品。

17 世纪初，绿茶被视为东方神草由荷兰人最初带到了欧洲。在药房里被分成小包出售。当时有医生把茶叶比作有芳香气味的干草混合物，通体绿色，甜味中略带苦涩。

1662 年，在大航海时代积累了巨额财富的葡萄牙国王将女儿凯瑟琳公主嫁给了英国国王查理二世，陪嫁的商品中有三箱茶叶。茶叶是当时葡萄牙宫廷中最时兴的货品，凯瑟琳公主在英国王宫里闲暇无事时会泡上一壶茶，王室的贵族夫人们见状纷纷效仿，很快喝茶便在英国上流社会中流行开来。如今风靡全球的英式下午茶就起源于此。

从王室开始，一套生活化的仪式逐渐形成，邀请的礼节、就座的姿势、谈话的风格等都有严格而生动的规范，食物的供应也要遵循一定的模式，比如上中下三层的陶瓷实盘，用银质杆连接，每一层摆放甜、咸和原味的三明治、蛋糕或涂有奶油和果酱的司康饼。下午茶的精髓可以概括为"用最好的茶叶、最好的瓷器、最好的房间，邀请最好的朋友谈论最知心的话题"。英国的一首民谣里唱道："当时钟敲响四下时，世上的一切瞬间为茶而停"。

✕ 英式下午茶

英国这个受地理和气候条件限制不能产茶的国家，却是世界上人均饮茶最多的国家，这个大约 6000 万人口的国家每年要消耗掉 700 亿杯茶。

藏在博物馆里的中国茶

在伦敦自然历史博物馆的达尔文中心，内衬白色硬纸板，被放在一个 6 英寸（15.24 厘米）见方的盒子里的"植物样本 857"是一小堆茶叶。茶叶里掩着两张小纸片，上面留有 18 世纪的黑棕色墨水写下的笔迹，其中一张上面写着"一种来自中国的茶叶"。

这盒在温控气密室特别收藏的茶叶样本来自于 1698 年的中国市场，历经300多年，被完好地保存到了今日，成为中国茶叶走向世界的一张名片。这盒茶叶在英国自然历史博物馆属于植物收藏类，由爱尔兰医生、自然历史学家汉斯·斯隆爵士（1660～1753年）收藏。汉斯·斯隆爵士收藏整理了当时世界上所有的已知植物，除了种子和果实外，还包括他认为在商业和药用上有潜在价值的植物标本。

汉斯·斯隆爵士收藏的这盒中国茶叶，来自一位到过中国两次的随船医生。

一家群星闪耀的茶馆

古老的剑桥大学的一个普通的下午，住在格兰切斯特茶馆的诗人布鲁克写道：

教堂的钟可是差十分四点？

(Stands the Church Clock at ten to four?)

仍然还有兑蜂蜜的茶吗？

(And is there tea still for honey)

不会现在就卖光了吧！

(It's not going to be sold out right now！)

格兰切斯特是剑桥的郊区，从1868年开始，有人在那里种植了一片果园。1897年，一群剑桥学生划着船沿着剑河来到了果园，疲惫的学生们找

果园的女主人讨要些茶水解渴，并建议女主人在这里开设一家下午茶店。随后开张的茶店迅速吸引了大量的剑桥学生。当时剑桥大学国王学院的学生，诗人布鲁克干脆离开学院，就住在了茶店附近。

英俊又浪漫的年轻诗人迅速吸引了当时一大批的杰出人物，这一群人中包括小说家弗吉尼亚·伍尔夫、哲学家伯特兰·罗素、路德维格·维特根斯坦、经济学家约翰·凯恩斯，还有艺术家奥古斯塔斯·约翰。这些经常来到果园茶室一边聊天，一边悠闲享受下午茶的英国知识精英被称为格兰切斯特小组。除此之外，首先发现原子内在结构的物理学家欧内斯特·卢瑟福也是这家茶室的常客。格兰特切斯特果园的茶室不经意间通过下午茶塑造了英国最杰出的知识分子阶层，并且开创了剑桥大学的又一个黄金年代。移居到英国生活的美国小说家亨利·詹姆斯也曾说："生命中没有什么比享用下午茶更愉快的时光了。"

现在的格兰切斯特早已成为剑桥学生平日里散步的好去处。避开从全世界蜂拥而至的游客，沿着剑河从剑桥城里走出来，不多时就能看到格兰切斯特大片的草坪，这是一个绝佳的散步路径，而这路径的终点就是那家果园茶室。

征服世界的红茶

1836 年 10 月，第一罐从当时英国的殖民地印度的阿萨姆茶园制作的茶叶，被送到了当时的英国总督府所在地——加尔各答市，经严格会商审评，这罐茶叶被认可达到了"可销售品质"。消息传到英国之后，当时的英国人欣喜若狂。此前，中国的红茶征服了英国，在这以后，英国人又用红茶征服了世界。

从 17 世纪后期到 19 世纪中期，英国都是从中国进口茶叶。最初差不多一百年的时间里，茶叶只是少数贵族和上流社会的消费品，到了 18 世纪末期之后，茶叶逐渐成为大部分英国国民的消费品，茶叶从中国的进口量也大幅增加。著名诗人拜伦在《唐璜》中写道："遥远的武夷茶，绽放我的新世界，酒总是那么让我沉沦，只有茶和咖啡，才能让我们更多的自觉。"

基于当时中国封建社会的皇权制度，中国与西方国家的贸易实际上是一种朝贡贸易，中国基本垄断了茶叶供给，不但供给量远低于英国的实际需求，且价格昂贵，于是英国人开始寻找替代方案。他们认为此前百多年来，英国以军事实力为基础，在英国以外的地方发现了糖、鸦片、橡胶、可可、

✕ 印度蒙纳山区的茶园

咖啡等价值和利润较高的农产品生产国，建立生产基地，对之进行殖民统治从而攫取巨额利润的方法，应该同样适用于当时只产于中国的茶叶。

1778年，英国人在印度阿萨姆地区发现了野生茶树，英国植物学家约瑟夫·班克斯认为茶树可以在印度北部生长。但当时通过垄断和中国的茶叶贸易并获取了巨额利润的东印度公司不希望自己的利益受到冲击和威胁，对寻找新的茶叶种植生产地一事非但不积极，还尽量阻挠。1823年，东印度公司的罗伯特·布鲁斯也在阿萨姆发现了野生茶树。当时中英关系越来越紧张，贸易越来越不稳定，英国国内茶叶需求迅速增长，东印度公司不得不大力投入对阿萨姆茶叶基地的建设。

1838年，在阿萨姆生产的第一批12箱茶叶运回英国。此后，英国投资者集资成立了阿萨姆公司，开始建立茶园。经过了大约20年的尝试，英国人根据阿萨姆的气候环境等自然条件，对中国茶树栽种和红茶加工方法进行改进，最终建立起了自己的茶叶生产体系，定型了生产流程，茶叶生产机械化和标准化以后，可以大量生产质量稳定的红茶。1883 年，东印度公司彻底完结了在中国的贸易垄断权。

此后，阿萨姆红茶开始大量生产并输出到各国，因价格低廉，逐渐风靡全球，取代中国茶叶。19 世纪末 20 世纪初，本土不种不产茶叶的英国已经成为当之无愧的红茶之国。

在目前的世界茶叶消费市场中，红茶的市场占有率高达 80% 以上，远远高于其他所有茶类的总和。而中国人所喜欢的绿茶（包括花茶）的占有率只有 10% 左右。

PART 05
茶叶的全球化历程

　　中国是茶叶的故乡，中国茶叶从种植、制作到饮用，再经历了上千年的传播，扩散到了世界各地。在世界各地的饮茶风俗习惯中寻根溯源，都能找到中国茶的 DNA。无论是从历史进程还是传播路径来看，中国茶最初都是通过丝绸之路，沿着海陆两路，向西传入阿拉伯国家，继而抵达欧洲、

✕　阿拉伯人也喜欢茶

非洲，再到美洲；向东传入朝鲜半岛和日本。两条海路分别是经宁波、泉州、广州入海，跨太平洋运往美洲；从中国茶区运往南洋，经印度洋、波斯湾和地中海运往欧洲各国。

"丝茶之路"

中国早期茶叶的外传基本上是通过向西亚的陆路传出，因为路径与丝绸之路相辅而行，亦有人将这条西行之路称为"丝茶之路"。

大约在 14 ~ 17 世纪，中亚、波斯、印度西北部和阿拉伯地区均可见中国茶的身影。之后通过阿拉伯人，茶叶被传到了西欧。到了元代，茶叶进一步在中亚和西亚传播。但因为当时输出的茶叶稀少，所以弥足珍贵。到了明代，随着郑和下西洋的航程遍及阿拉伯半岛，茶叶输出的范围和数量进一步扩大。当时饮茶在西亚和中亚的阿拉伯人中已经相当普及。

荷兰商船自 1601 年起经由澳门将大量中国茶叶运往欧洲，同时欧洲的商船也经由海上丝绸之路将中国茶叶运到西北非的阿拉伯国家。因为中国茶叶的社会功能正好契合阿拉伯人的宗教信仰、精神生活和生理需求，所以到了 19 世纪初期，西北非的阿拉伯人也已经普遍饮茶。中亚、西亚和北非的阿拉伯人逐渐形成了独特的阿拉伯红茶文化，非洲西北部的摩洛哥、阿尔及利亚、突尼斯等国则保持着喝绿茶的饮茶习惯。

海陆两路——茶叶传入欧洲

虽然早在 15 世纪初，葡萄牙商船便来到中国进行通商贸易，但最初向欧洲介绍茶叶的并不是那些初到中国沿海的葡萄牙人，而是一位名叫拉木学的意大利学者——尽管他本人并没有见过茶叶。拉木学在 1559 年出版的一部书中写道：根据一个波斯人的说法，中国出产一种被称为茶的植物，用水烹煮，可治多种疾病。

意大利传教士利玛窦（1552 ~ 1610 年）在中国传教期间，对中国的茶以及有关茶的习俗在《利玛窦中国札记》一书中进行了翔实的记载，这对西方人了解中国茶叶也很有帮助。

最早将茶叶直接输入欧洲的是荷兰人。1610 年左右，荷属东印度公司的船首度将茶叶带回，荷兰的饮茶习惯随之而起。荷兰是欧洲最早开始出现饮茶之风的国家。到 17 世纪中期，饮茶在荷兰已经比较流行了。1651 年，荷兰的阿姆斯特丹开始举行茶叶拍卖活动，每年输入荷兰的茶叶价值高达 4 万磅以上，转口数量也很大，约占输入量的 30% ~ 50%。1758 年，荷兰茶叶贸易的利润率高达 196%。

16 世纪末到 17 世纪初，英国人通过翻译其他欧洲人的著作而开始认识茶叶。1615 年，英国东印度公司派驻日本的一位职员写信给澳门的一位同事，请他代购"一罐上等好茶"。这可能是有据可考的最早提到茶叶的英国人。17 世纪中期，茶叶已通过各种途径输入英国。

1657 年，英国伦敦的一家咖啡店打出这样的招牌："茶叶非常稀罕，十分珍贵，每磅售价高达 6 ~ 10 英镑，所以一直以来都被视为高贵奢华的象征，只有王公贵族才能享用"。"从现在起，本店首次向公众出售茶叶及茶叶饮品"，"价格仅为每磅 16 ~ 50 先令"。这块招牌还说，中国茶叶"有

益健康，老少咸宜"，并且列出了茶叶的 10 多项保健功效。由此可见，茶叶在当时主要被视作药物。1658 年 9 月 30 日，伦敦的一家咖啡馆在报纸上刊登广告时，强调茶叶是"所有医生推崇的美妙饮料"。这也是英国历史上第一则刊登在报纸上的茶叶广告。

正当饮茶之风在英国盛行起来的时候，1662 年，"饮茶及茶文化大使"葡萄牙公主凯瑟琳嫁入英国王室，凯瑟琳是英国第一位喜好饮茶的王后，她使饮茶成为宫廷生活的一部分，并迅速风靡英国。也正因为如此，英国东印度公司于 1664 年特地精选了一批茶叶进献给英国国王。

18 世纪前期，茶叶已由奢侈品转变为大众饮品，进入了寻常百姓之家。饮茶成了英国人的日常习惯，伦敦的咖啡馆实际上已经成了茶馆，英国因此而成为"饮茶王国"。19 世纪中期，下午茶已成为英国人生活习俗与文化传统的组成部分。

✕ 加奶的英式红茶

不过，英国人更偏爱经过发酵的红茶，还喜欢在茶中添加糖和牛奶，从而调制出别具英伦风味的茶饮。

三百年欧亚商道——中俄茶叶之路

15 世纪，哥伦布发现了美洲大陆，西班牙探险家的成功刺激了整个欧洲，几乎所有欧洲国家都卷入了空前的大探险大发现的热潮中，逐渐强大起来的俄国人受此鼓舞也迈出了向东扩展的步伐。一幕长达两个半世纪的中俄贸易活动，一条穿越整个欧罗巴和亚细亚大陆的国际商路，在中俄边境通商口岸因茶叶而兴盛。

1689 年，中俄签订《尼布楚条约》。《尼布楚条约》的签订为中俄两国开展正常的贸易活动创造了基础。1692 年，彼得大帝向北京派出第一支商队——伊台斯商队，中俄两国的商人开始进行以茶叶为主的贸易活动。

"茶叶之路"的起点是江南地区，终点为俄罗斯的莫斯科。清雍正六年（1728 年），中俄两国签署《恰克图条约》，约定双方在蒙古地区的边界。明确了双方的贸易规定。雍正八年（1730 年），清政府批准在恰克图的中方边境地区设立买卖城。恰克图作为清代俄中边境重镇，位于现在的俄蒙边界界河北岸，是当时中俄贸易往来的重要据点。恰克图在俄语中的意思是"有茶的地方"，中国人则称它为"买卖城"。乾隆二十年（1755 年），清政府宣布中止俄国商人到北京来做贸易。此后，中俄贸易就集中到了恰克图。

归化城（今日的呼和浩特市旧城）为这条路上各种中国货物和俄罗斯货物的集散地。据史料记载，清朝时期归化城最多的时候拥有高达 16 万峰骆驼。《恰克图条约》签订后，有着优厚资本的晋商远涉戈壁沙漠，贩运茶叶、丝绸、瓷器等物品，迅速将商号开到了恰克图，使恰克图从一个名不见经传的小村落一跃成为商贾云集之地。在中俄两国的贸易史上，俄罗斯商人将茶叶等商品贩运到西伯利亚的伊尔库茨克、乌拉尔、秋明等地区，甚至远到莫斯科和圣彼得堡。

这条长达 4600 多公里的茶路持续兴盛了 150 余年，被誉为"万里茶路"，也推动了那一时期俄国经济的发展。就连马克思在《俄国人与中国人》一书中也写道："这种贸易，采取一种年会的方式进行，由十二家商馆进行经营，其中六家是俄国人的，另六家是中国人的。他们在恰克图进行会商，决定双方商品的交换比例——贸易完全是物物交换，中国的主要商品是茶叶，俄国则是棉毛制品。"

　　1883 年，俄国从中国引进茶籽试种茶树；1888 年，俄国从中国进口茶籽种植于黑海岸；1893 年，俄国聘请中国茶技师赴格鲁吉亚传授种茶技艺。

　　为了喝茶，俄罗斯人家里都有一个特别的茶炊——萨莫瓦尔。曾经萨莫瓦尔是铜制的，中间空，用来放木炭加热，还有向上排烟的管子，底下是煮茶的锅，还连接着一个水龙头。水煮开后，就从小水龙头放水泡茶。

这种老式茶炊如今在莫斯科的跳蚤市场还能看得到。

中国茶叶传播的最后一站——美洲、大洋洲

哥伦布发现美洲后，西班牙人、法国人、荷兰人等纷纷横渡大西洋，踏上北美洲，建立起殖民地。欧洲殖民者将饮茶的习俗传入美洲的美国、加拿大以及大洋洲的澳大利亚。

英国人是从 17 世纪开始大规模移居北美洲的，到了 18 世纪前半期，形成了 13 个英属殖民地。来自英国的移民不仅带来了饮茶习惯，而且开始经营茶叶贸易。由于茶叶逐渐成为北美殖民地居民的日用消费品，英国政府将茶叶视为重要的税源。1767 年，英国议会通过《汤姆逊税法》，决定在北美各港口对众多从外国进口的货物进行征税，其中包括茶叶。该税法引起了北美殖民地居民的激烈反抗。1770 年，英国议会被迫废除《汤姆逊税法》，但保留对进口茶叶征税，结果导致茶叶走私的猖獗，大量茶叶从荷兰被偷运到北美殖民地。

到了 19 世纪，中国茶叶的传播已遍及全球。

PART 06
历史事件中的中国茶

茶叶是一个日常饮品，但茶叶在历史的长河中又发挥着不同寻常的作用，改变着农业的种植方式、人们的生活方式、世界的贸易往来，甚至是人类的历史。

美国独立战争的导火索——波士顿倾茶事件

17 世纪中期是美国茶文化的消费高潮期，纽约、费城、波士顿的名人们纷纷参加"茶会"。当时纽约等大城市的茶叶主要靠走私进口。英国的东印度公司看到茶叶买卖在美国有利可图，就想办法拿到茶叶进口的独家经营权，控制了当时北美茶叶的销售，导致北美走私茶和当地茶商无法经营。英国政府还在 1773 年颁布了《茶税法》，对包括美洲殖民地在内的进口茶叶增加新的税种，北美茶叶价格被英国茶商控制。

1773 年 12 月 16 日晚，在塞廖尔·亚当斯和约翰·汉考克的领导下，60 名"自由之子"化妆成印第安人，冲上三艘试图在波士顿靠岸的英国货轮，

把 342 箱茶叶倾倒在了大海里，这就是历史上著名的"波士顿倾茶事件"。这一事件使得英美之间的矛盾升级，武装冲突频繁。

1775 年 4 月 19 日，北美独立战争在莱克星顿镇打响了第一枪。1776 年 7 月 4 日，美利坚合众国宣布成立。

鸦片战争中的中国茶

1644 年，英属东印度公司经爪哇为英国贵族运来第一批 100 磅中国茶叶，此后的几十年间，英国茶叶消费量增长了大概 200 倍。

在当时的欧洲，茶叶是媲美宝石的奢侈品和贵族交际必需品，而中国

是世界唯一能生产茶叶并种植茶叶的国家,茶叶超过瓷器和丝绸,占到中国出口英国(欧洲)货物的90%以上。但当时的中国只允许广州十三行等经营对外贸易,并制定法规,禁止英国等地的纺织品进入中国。所以这个时期中国对世界的贸易是纯粹意义上的超级顺差:中国出口的茶叶,换来了世界各地的真金白银,而中国人对外国的商品根本不感兴趣,进口额几乎为零。

英国人为了扭转贸易逆差,铤而走险,向中国输入鸦片。大量的鸦片从印度进口到中国。1839年6月,林则徐收缴并烧毁英国商人的2万箱走私鸦片,成为鸦片战争(1840～1842年)的导火索。

1840年,英国政府以林则徐的虎门销烟等为借口,派出远征军侵华。6月,英军舰船47艘、陆军4000人在海军少将乔治·懿律、驻华商务监督义律的率领下,陆续抵达广东珠江口外,封锁海口,鸦片战争开始。

鸦片战争最终以中国失败并赔款割地告终。中英双方于 1842 年签订了中国历史上第一个不平等条约《南京条约》。中国开始向外国割地、赔款、商定关税，沦为半殖民地半封建社会。但同时，鸦片战争也揭开了近代中国人民反抗外来侵略的历史新篇章。

PART 07
驼铃声声的茶马古道

茶叶，作为中国传入西方的第一物种，千百年来，其陆上运输，一直靠马帮从一地运送到另一地，从一个国家运送到另一个国家。也正是这种千年不停地行走，形成了闻名中外的茶马古道。

千匹骡马万担茶

20 世纪 80 年代末，云南大学教师木霁弘和他的大学同学在云南西北地区做方言调查，在一位曾经的马帮马锅头带领下，找到了一条通往西藏的马帮小路。小路上还残留着许多经年累月印刻下的马蹄印。也正是这次发现，让沉寂已久的茶马古道重新出现在人们的视线中。

茶马古道源于古代西南边疆的茶马互市，是古代中国西南地区的商贸通道，兴于唐宋，盛于明清，"二战"中后期最为兴盛，连接着川滇藏，延伸入不丹、锡金、尼泊尔、印度境内，直到抵达西亚、西非红海海岸。

平均海拔 4000 千米的青藏高原，糌粑、奶类、酥油、牛羊肉是藏民的主食。这些高寒地区缺少蔬菜，糌粑燥热，过多的脂肪类在人体内不易被分解，而茶叶既能够分解脂肪，又可防止燥热，故藏民在长期的生活中有喝酥油茶的习惯。但藏区不产茶。而在内地，民间役使和军队征战都需要大量的骡马，但供不应求，而藏区和川、滇边地盛产良马。于是，具有互补性的茶和马的交易，即"茶马互市"应运而生。藏区和川、滇边地出产的骡马、毛皮、药材等和川滇及内地出产的茶叶、布匹、盐和日用器皿等，在横断山区的高山深谷间南来北往，流动不息，形成一条延续至今的"茶马古道"。

南北朝时期（420～589年），中国商人就已经通过以茶易物的方式，向土耳其输出茶叶。隋唐时期，随着边贸市场的发展壮大，加之丝绸之路的开通，中国茶叶以茶马交易的方式，经回纥及西域等地向西亚、北亚和阿拉伯等地输送，中途辗转西伯利亚，最终抵达俄国及欧洲各国。

唐肃宗至德元年（756年），蒙古的回纥地区驱马茶市开创了茶马交易的先河——茶叶只能用马交换。有交易就有利润，就有了冒险的商人和马帮，开始了长达1000多年的茶马贩运和交易。到明代时，每年有数百万斤茶叶进入西藏。茶马古道上马蹄声声，商旅往来不绝。

茶马古道的线路有很多条，而其中最著名的是形成于6世纪后期，从盛产普洱茶的云南易武出发，途经丽江、德钦，由盐井进入西藏，再经缅甸、尼泊尔、印度的线路。这条线路仅国内部分就长达3800多公里。还有一条就是从四川雅安出发，途经康定、理塘、巴塘，由芒康进入西藏，最后到达不丹、尼泊尔和印度的线路，全长4000余公里。

1904年8月，英军从印度打入拉萨,逼迫西藏僧俗官员签订《拉萨条约》，其中就规定，开放西藏江孜、噶大克为自由商埠，英印茶商可以在西藏自由销售印茶。为了抵制英国人用印度茶占领西藏市场的企图，1908年秋，

✕ 大理市下关镇凤阳邑茶马古道

✕ 茶马古道上的吊桥

清政府出面制止印茶销藏。四川总督赵尔丰在雅安、理塘、巴塘、昌都设立边茶公司，减少中间环节，迅速将川茶运往西藏，并支持藏族聚居区抵制印茶倾销。滇茶也开辟了新的输送线路，暂不再经横断山脉北线进藏，改为西走缅甸转入印度，一样从亚东进关入藏。击破了英国人"欲拿下西藏，先抢占藏茶"的野心。后来，川藏茶马古道一度受阻，许多四川茶商也选择这条迂回线路进藏。

抗日战争中后期，中国东南北的三面六方都成为日寇沦陷区，只有西南、西北方未被日本人封死，茶马古道与驼峰航线一样，成为同盟国支持中国抗战的命脉，成为抗战物资进入中国的大通道。许多国外援华物资，以及内地运往滇西前线的抗战物资，都通过这条古道由马帮和人力运送。抗日战争后期，茶马古道上的支前马帮成千上万。所以有人说："滇西的抗战胜利，是马帮用马驮出来的。"

直到20世纪50年代，昆洛公路通车后，云南的茶马古道成为历史遗迹。

✕ 丽江古城

茶马古道上的瑰宝

茶马古道地处三江并流地区，全是崇山峻岭，道路崎岖，有的地区甚至连骡马都不能通行，完全依靠人力挑运，其艰难程度可想而知。在这条古道上，很少有人能从头走到尾，一般从产茶地到大理这一段以内地商人为主，从大理往北，海拔越来越高，自然环境也越来越艰险，一般由大理的白族或者丽江的纳西族马帮接力，而进入西藏后，则转由体格更健壮的康巴藏族人接手。

马帮在古道上一辈一辈地走着，流通着茶叶、骡马、皮革、香料等物资。但无限风光在险峰。在深林幽谷、雪山激流相伴的古道上，也有美景无数，串联着丰富多彩的各民族文化，甚至交融着各国间的文化。

古道上的马帮虽已成为历史，深山里的马蹄印已没于风雨，驼铃声再

✕ 大理古城

不可闻，但是那些曾经繁华一时的驿站，很多还保存着，它们犹如瑰宝，镶嵌在"茶马古道"这条颇具历史文化色彩的"项链"上。

比如大理，不仅是云南西北重镇，是当年南诏国和大理国的都城，同时也是一个非常重要的交通枢纽，是汉文化与西南少数民族文化的交融之地。它曾是 8 ~ 12 世纪东南亚最大的古城，宋代的茶马互市奠定了大理在西南蕃的地位。清末民初时，这里是西南最大的茶叶加工、贸易集散地，曾经车水马龙，商家如云。如今虽然马帮已成历史，大理却因其美丽的苍山洱海、独特的白族风俗、神秘的南诏国传说、白墙黛瓦的白族民居，以及独特诱人的美食，成为深受青睐的度假胜地。

大理往北，会到达一个叫沙溪的古镇，这是茶马古道上重要的商贸交易集市，也是近年来的热门旅行度假地。相比于风花雪月的大理，这里古朴素雅，仍然保持着原来的面貌。古庙、古街、古戏台、古巷道，于岁月

飞钱与汇通天下

汇兑与信贷是现代银行业的两大主要业务，它们在中国的产生都与茶叶贸易有关联。

中国最早的汇兑制度——飞钱，产生于唐朝后期。因中国历史上第一部茶学著作《茶经》问世，民间饮茶习惯大兴，茶叶买卖兴隆，为了茶叶贩运便利和安全起见，于是产生了"飞钱"：茶叶买卖成交后不支付现钱，可以凭券到所需的指定地点取钱，免除了长途运钱的烦恼。

清朝中期以后，茶叶作为晋商最大宗的业务，采买需要大量资金，而且时间性强，春季需要支付全年80%以上的资金。山西遍布全国乃至海外的日升昌票号贷款给需要资金的商号，并且可以异地结算与取兑。到1907年，日升昌票号的总营收达到3297万两白银，而当年清政府全年的总收入也不过8000万两白银。越来越多的大商家或成立票号，或以"股份"制形式加入票号，票号业务进一步发展成为"汇通天下"的股份制。

中安静而立。寺登街被称为"茶马古道上唯一幸存的古集市"，玉津桥上还留有清晰的马蹄印，红砂石铺就的四方街早已被踏得光滑。旧时，四方街上每隔三天就会有一个街市。各地马帮会在前一天下午到达，投宿在四方街旁的客栈。所以四方街的建筑大多呈前面商铺后面马院的格局。

再往北，就是世界文化遗产之一的丽江古城。依山而建的古城，民居鳞次栉比，依水傍河而居，"家家流水，户户垂柳"，颇有点水乡的韵味。这个因茶马古道而繁荣的小镇，小桥流水、木屋青瓦、古街古巷相互映衬，远处是终年积雪的玉龙雪山。有人说，丽江是中国最小资的古城。古老的青石板路上虽已无马帮穿梭，却游人如织。四方街曾是茶马古道上最重要的枢纽站，如今则是古城居民的活动场所。每逢年节，街北会搭起戏台。街中心还会有纳西族人翩翩起舞。

离丽江古城不远的束河古镇也是茶马古道上保存完好的重要集镇。走在束河街上，石板路清幽古朴，老街两侧是

✕ 盐井千年古盐田

当地的老式建筑。束河镇的四方街广场，古老的店铺依旧在，只是换了售卖的商品。清清的溪水盘旋围绕，斜斜的五条道路通向各个方向，脚底下是被人和牲口踩磨得滑溜溜的石板块。这里曾经是丽江的皮毛交易集散地。

　　由丽江出来，向西北出发，在西藏芒康县和云南德钦县接壤之地也有一座古城——盐井古镇，是茶马古道进入西藏的第一站。这里还保留着"茶马古道"上唯一的人工原始晒盐风景线。盐井山高谷深，沿江两岸三叠纪红色沙砾层出露有盐泉，将盐泉水提至盐田，经3～5天盐水自然蒸发，析出盐分，即为"藏巴盐"。井口和盐田分布在境内澜沧江两岸，层层叠叠。

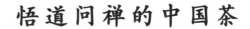

第四章

悟道问禅的中国茶

　　开门七件事"柴米油盐酱醋茶"，茶叶走进千家万户人们的生活。而人们在饮茶过程中，又逐渐形成了中国文化的一朵奇葩——中国茶文化。茶来自高山，涤烦去尘、激发文思，又可修身养性，既是文人之物，也是仙家必备。

PART 01
韵高致静的中国茶道

　　茶道，就是品赏茶的美感之道。人们经由茶道获得一份真善美的陶冶。茶道亦被视为一种烹茶饮茶的生活艺术，一种以茶为媒的生活礼仪，一种以茶修身的生活方式。喝茶能静心、静神，有助于陶冶情操、去除杂念。

　　茶道文化源于中国，南宋时期传入日本和朝鲜，元代以后在中国衰落。现如今，茶道文化在日本流行并发扬光大，成为世界茶道文化的典型代表。

✕　成都茶馆

中国茶道可佛、可儒、可道、可禅。日本茶道则是禅宗思想，它将日常生活行为与宗教、哲学、伦理和美学熔为一炉，成为一门综合性的文化艺术活动。茶道不仅是物质享受，通过茶会，还可以学习茶礼，陶冶性情，培养人的审美观和道德观念。

四大茶道流派

有人将中国茶道概括成四大流派：贵族茶道、雅士茶道、禅宗茶道和世俗茶道。

贵族茶道源自达官贵人、富贾豪绅的品茶，他们对茶品、水质、器皿都极为讲究，对泡茶、品茶都有一套严格的程式。始于明清的功夫茶就是从贵族茶道演变而来的。

中国古代文人对茶有一份天然的亲近，他们认为茶有助于文思。他们为茶道添加了雅韵，让品茶成为一件雅事。品茶之余吟诗作赋，对茶叶、器皿不追求极致，但要求雅致，从而创立了雅士茶道。中国古代文人在品茶的过程中不断改进茶艺，甚至著书以传播茶艺。

源自佛门的禅宗茶道则多了一份佛气。有道是，名山出名寺，名寺出名茶。中国最早的茶园多在寺院旁。陆羽的《茶经》中就有记载："杭州钱塘天竺、灵隐二寺产茶。"而寺中僧人种茶、制茶、饮茶历史悠久。明代乐纯在《雪庵清史》中列举了居士所做清课的主要内容：焚香、煮茗、习静、寻僧、奉佛、参禅、说法……"煮茗"排在第二，可见对佛门中人的重要性。中国的禅宗茶道，不仅对中国茶、茶道影响深远，甚至对日本茶道影响至深。

　　而由于中国产茶的地方多，茶类浩瀚丰富，饮茶历史悠久，再加上中国人饮茶千里不同风，百里不同俗，极像"大象无形"以自然之道，所以有人说，中国茶道在云南人火塘边围着一群人的茶罐罐内；在四川街头茶馆麻将声声的盖碗中；在江浙一带老人听着评弹的紫砂壶里；在广东巷尾里一盅两件的根雕茶几上；在北京京剧咙咚呛的三才盖碗里……这就是茶道流派之世俗茶道。

从饮食圈走向文化圈的茶

　　茶的发现时间可推到三皇五帝时期的神农氏。西汉已将茶的产地县命名为"荼陵"，即湖南的茶陵。东汉华佗《食经》所载的"苦茶久食，益思"，记录了茶的医学价值。三国时期的《广雅》（成书于魏明帝太和年间，即227~232年，是我国较早的一部百科词典，共收词汇18150个），最早记载了饼茶的制法和饮用："荆巴间采叶作饼，叶老者饼成，以米膏出之。"

　　不过从神农氏到唐代的三千多年，中国先民虽然懂得了种茶、制茶、饮茶，但茶叶的用途多是"吃茗粥""瀹蔬而啜"，即把茶当作粥、菜来食用，饮茶之风尚不普及。当然，将茶作为饮料的也大有人在。饮茶，创始于神农，扬名于鲁周公。春秋之际，齐国的晏婴，汉朝的杨雄、司马相如，三国时东吴的韦曜，两晋的刘琨、张载等历史上著名的人物都爱喝茶。

　　晋代、南北朝时期，随着文人饮茶之风兴起，有关茶的诗词歌赋问世，茶开始从饮食圈走入文化圈。唐代国家统一，疆域辽阔，经济富足，儒、

※ 陆羽雕塑

道、佛三教鼎盛，相互竞争，融合发展，为茶道的产生提供了条件。

"自从陆羽生人间，人间相学事新茶。"中唐时，陆羽《茶经》的问世使茶文化发展到一个空前的高度，标志着唐代茶文化的形成。《茶经》概括了茶的自然和人文科学双重内容，探讨了饮茶艺术，把儒、道、佛三教融入饮茶中，首创中国茶道精神。

李白、杜甫、白居易、颜真卿、卢仝、柳宗元、杜牧、温庭筠、陆羽、刘禹锡、皮日休、李商隐等活跃于文坛的诗人、画家、书法家等形成了唐代热闹的茶文化圈。这时期出现了大量茶书、茶诗，有《茶述》《煎茶水记》《采茶记》《十六汤品》等。《全唐诗》中有一百多位诗人写了近四百首茶诗。这些文人和他们的作品对弘扬、推广、升华、普及茶道推波助澜，功不可没。

✕ 杭州灵隐寺茶园

　　唐代茶文化的形成与当时禅教的兴起也有关。因茶有提神益思，生津止渴功能，故寺庙崇尚饮茶，在寺院周围植茶树，办茶会，定茶礼、设茶堂、选茶头，写茶诗、著茶书，专呈茶事活动。唐朝僧道以茶供祖、以茶释经、以茶养生、以茶应酬、招待俗客。在唐代形成的中国茶道分宫廷茶道、寺院茶礼、文人茶道。

　　当时就有僧侣羽士茶文化圈，其主体是数十万僧侣和游历名山大川的道士，最有代表性的人物是诗僧皎然、智积禅师、怀海和尚、灵一和尚、赵州和尚、贯修大师和怀素和尚等。唐朝中期以后，甚至出现了"寺必有茶，僧必善茗"这种"茶禅一味"的现象。很多寺庙设有专门的"茶堂"，有些寺院专门派有"茶头"和"施茶僧"。其中的诗僧皎然，因为游历甚广，对不少寺庙的僧侣饮茶颇有心得，对饮茶在中国各地寺庙中的盛行功不可没，被誉为"佛茶之风""佛禅茶道"的探路者。

唐朝的历代皇帝均爱茶、嗜茶、崇茶，由此形成的宫廷茶文化使得唐朝的茶叶文化之树愈发的根深叶茂。

而宋代茶业的大发展，推动了茶文化的发展，在文人中出现了专业品茶社团，有官员组成的"汤社"、佛教徒的"千人社"等。宋太祖赵匡胤便是位嗜茶之士，在宫廷中设立茶事机关，宫廷用茶已分等级。茶仪成为礼制，赐茶是皇帝笼络大臣、眷怀亲族的重要手段，还会赐给国外使节。

至于下层社会，茶文化更是生机活泼，有人迁徙，邻里要"献茶"；有客来，要敬"元宝茶"；订婚时要"下茶"，结婚时要"定茶"，同房时要"合茶"。民间斗茶风起，带来了采制烹点的一系列变化。

明清茶文化的普及

明代已出现蒸青、炒青、烘青等各茶类，茶的饮用已改成"撮泡法"，不少文人雅士留有传世之作，如唐伯虎的《烹茶画卷》《品茶图》，文徵明的《惠山茶会记》《陆羽烹茶图》《品茶图》等。晚明时期，文士们对品饮之境又有了新的突破，讲究"至精至美"之境。

在文人墨客看来，事物的至精至美的极致之境就是"道"，"道"就存在于事物之中。张源首先在其《茶录》（成书于1595年前后）一书中提出了自己的"茶道"之说："造时精，藏时燥，泡时洁。精、燥、洁，茶道尽矣。"他认为茶中有"内蕴之神"，即"元神"，元神是茶的精气，元

茶与妙联

浙江杭州九溪十八涧有一茶亭，亭柱上有樊山先生撰写的一副楹联："小住为佳，且吃了赵州茶去；日归可缓，试同歌陌上花来。"

浙江吴兴八里店有一茶亭，亭柱上有一副楹联："四大皆空，坐片刻无分尔我；两头是路，吃一盏各散东西。"此联既要写景观，又含佛道禅理。

仁化丹霞风景区有一茶亭，亭柱镌刻着一联，联曰："茶香诗里味，亭小画中情。"此联雅淡中带有诗情画意。

无独有偶，在南海西樵山风景区也有一间茶亭，门前的对联曰："泉边有石是吾友，客里逢人说此山。"此联中虽然没有明说茶，却暗谐"泉、石、山"和"友、客、人"，虚与实，点化出泉与茶的有机联系。

体是精粹外观的色、香、味。只要在事茶过程中做到淳朴自然，质朴求真，便能求得茶之真谛。张源的茶道追求茶汤之美、茶味之真，力求进入目视茶色、口尝茶味、鼻闻茶香、耳听茶涛、手摩茶器的完美之境。

张大复（约1554～1630年，明代著名戏曲作家、声律家）则在此基础上更进一层，他说："世人品茶而不味其性，爱山水而不会其情，读书而不得其意，学佛而不破其宗。"品茶不必斤斤于其水其味之表象，而要求得其真谛，即通过饮茶达到一种精神上的愉快，一种清心悦神、超凡脱俗的心境，以此达到一种天、地、人融通一体的境界。

到清朝，各种茶馆、茶肆、茶档作为百姓生活重要的活动场所。清朝末期，北京城有规模的茶馆就达数十家，江南一带一些小镇居民数千家，茶馆却有上百家之多。人们在此饮茶、会友。且各地茶肆皆形成了各具特色的地方茶文化，如北京城茶楼听戏、江西茶馆的道情、广东茶馆的功夫茶，还有四川茶馆花样繁多的消遣项目，等等。当时的金陵（现南京）不仅在文人雅士中风行着文士茶艺、功夫茶艺，而且在饮茶之风更盛的茶馆里流行着茶馆茶艺，茶客对茶品、冲泡、茶具以及饮茶环境皆有讲

✕ 始建于 1923 年的成都鹤鸣茶馆，是成都现存、全国历史最悠久的茶馆之一。

究。清朝美食家、诗人袁枚（1716 ～ 1797 年）就曾写过多首茶诗，如《试茶》《湖上杂诗》《坐光明顶上老僧送茶至》等。

中国茶文化的传承与发展

我国茶叶产量从 1949 迅速增长，1982 年，杭州成立了第一个以弘扬茶文化为宗旨的社会团体——"茶人之家"。随着茶文化的兴起，各地茶艺馆越开越多。国际茶文化研讨会已开到第五届，吸引了日本、韩国、美国、斯里兰卡等国及我国港台地区纷纷参加。我国各省各市及主产茶县纷纷主办"茶叶节"，如福建武夷市的岩茶节，云南的普洱茶节，以及浙江新昌、泰顺，湖北英山，河南信阳的茶叶节，都以茶为载体，促进全面的经济贸易发展。

从1989年我国台湾地区陆羽茶文化考察团在中国表演了第一场茶艺开始，全国各地的茶艺表演如同雨后春笋，络绎不绝。

五花八门的饮茶习俗

与阳春白雪的中国茶艺相比，中国各地饮茶依然沿袭着历史的传承和风俗习惯，有着自己的饮茶习俗和传统，充满烟火气。

比如自古便有"茶房食肆"之称的成都，依然"一市居民半茶客"，"坐茶铺""去口子上茶铺吃茶"依然是成都人主要的社交和生活方式之一。茶馆是成都的城市符号和城市特征之一。在成都，闹市有茶楼，江边有茶摊，公园有茶座。

据不完全统计，成都的茶馆数量有近万家。一杯四川本地成都茶厂生产的"三花牌"茉莉花茶，加上一碗简单的豆花饭或罗汉面，可以从清晨喝到下午。用老虎灶上铜壶烧的开水泡茶是老成都最地道的泡茶方法。一把竹椅，一盏清茶，茶话家常。成都比较有名的茶馆有双流彭镇的观音阁茶铺、锦江南岸有竹影麻将牌声的望江楼、人民公园的鹤鸣茶社、闹市太古里"快耍慢活"的大慈茶社等。

扬州有句俗语："早上皮包水，晚上水包皮。"说的是扬州人早上要去茶楼吃早茶。扬州老字号的茶楼分别是富春、冶春和共和春"三春"。在扬州吃早茶，泡一壶绿杨春茶或魁龙珠茶，再配上千层油糕、烫干丝、

萝卜丝饼、三丁包子等扬州细点，被人们形容为"饮茶如筵"，十分惬意。

扬州自产的本地茶叶虽然名气不大，但扬州人就好喝本地茶，况且扬州也有好茶。创建于1885年的富春茶社的"魁龙珠"取龙井之味，魁针之色，珠兰之香，以扬子江水沏泡，谓之"一壶水煮三省茶"，其茶色泽清澈，清香四溢，味醇绵和，解渴祛腻，可谓茶中珍品。扬州的另一种好茶是绿杨春，冲泡后叶如兰花绽放，叶色嫩绿，叶底舒张，茶水汤色翠绿，板栗香气清高持久，滋味浓醇。

"茶薄人情厚"，广东人嗜茶爱茶，潮汕人嗜茶如命，甚至把茶叶称为"茶米"，"食茶"对潮汕人来讲不仅是一种待客之道，在潮汕没有一件事情是喝茶解决不了的。在潮汕"来滴茶呀"的大概意思就是喝个同杯茶，互相帮助啦。

特定的气候条件和湿热的环境造就了岭南人早起的习惯，与之相应慢

╳ 广式茶点

╳ 重庆交通茶馆

慢形成了"趁早墟"（赶早集）、喝早茶的习俗。喝早茶的风气始于清朝。当时有一种叫"一厘馆"的小茶楼，里面有糕点供应，让往来行人歇脚吃点心，后来规模逐渐扩大至茶楼。广东、香港等地有饮粤式早茶的习俗。粤式早茶可选的茶类有铁观音、菊花乌龙茶、茉莉花茶、普洱茶等。泡上一壶茶，要上两件点心，美名"一盅两件"，再拿上一张当日的报纸，便是很多广东人一天的开始。

PART 02
茶禅一味

　　"茶禅一味"其实说的是一种恬淡清净的茶禅意境，一种古朴淡雅、宁静致远的审美情趣。参禅如同品茶，品茶亦可以参禅，茶禅者以茶参禅、以禅修身。

　　坐禅用茶的最早记载，约见于《晋书·艺术传》：敦煌人单道开，好隐栖，修行辟谷。七年后，他便能冬天自己发热取暖，夏天身体自动降温去燥，

╳　中国自古有"茶禅一味"的说法

且昼夜不卧，日行七百余里。并且，单道开"日服镇守药数丸，大如梧子，药有松蜜姜桂茯苓之气，时饮茶苏一二升而已。"茶苏是一种用茶和紫苏调剂的饮料。由此可说明，东晋时的佛教禅定已与用茶结缘.

古代僧人种茶、制茶、饮茶并研制名茶，为中国茶叶生产技术的发展、茶学的发展、茶道的形成立下不世之功。佛教认为"茶有三德"：坐禅时通夜不眠；满腹时帮助消化；还可抑制性欲，利于丛林修持。中国四大茶道流派中的禅宗茶道就生发于"茶之德"。

其实，一禅一茶两种文化有同有异。茶是物，禅是心，禅以饮茶入心而道，开创了千古之风。禅寺多于高山丛林，云山雾罩，极适宜茶树生长，农事禅事为佛教之优良传统，禅僧务农，植茶制茶饮茶，相沿成习。茶与禅习相近，性亦相近，茶禅融为一体，茶可助修行，茶可养身体，茶的本色真味与禅宗之淡泊自然平常心境相符，是悟禅的不二之选。

"吃茶去"

"茶禅一味"最有名的一句禅语便是"吃茶去"。传说这是以 120 岁高寿仙逝的赵州禅师（778～897 年）从谂大师的一句口头禅。

从谂大师是禅宗六祖慧能大师的第四代传人，年高德劭，震烁古今。从谂大师喜爱品茶，也喜欢用茶作为机锋语。当年从谂大师在河北赵县开坛布道，一时学人云集，许多禅师远道来学，参见从谂大师。

禅师问其中一人："你之前来过这里没有？"

那人说："没来过。"

从谂大师亲切地对那人说："吃茶去。"

说完，从谂大师又问另一求学僧人："那你之前来过这里吗？"

这人说："我之前来过。"

从谂大师还是亲切招呼说："吃茶去。"

于是，监院好奇地问："大师，怎么来过的您让他吃茶去，没来过的您也是让他喝茶去呢？"

话音刚落，从谂大师呼了监院的名字，监院应答了一声，从谂大师说："吃茶去。"

茶对佛教徒来说，是平常的一种饮料，几乎每天必饮。"吃茶去"，是一句极平常的话，却正切合禅宗提倡的在日常生活中一点点去修炼，任何时候、任何事物都能悟道，要从极平常的事物中顿悟真谛。因而，从谂禅师以"吃茶去"作为悟道的机锋语，对佛教徒来说，既平常又深奥，能否觉悟，则靠自己的灵性了。

　　有人问禅师："什么是禅？"禅师曰："饿了吃饭，困来卧眠"。此人不解："吃饭睡觉，怎的是禅？"禅师答："有人饿了不吃，困了不睡，胡思乱想，自寻烦恼"。禅修，就是关注当下，保持正觉正念，生活中时时刻刻、点点滴滴便都是禅了。

　　后来，宋代高僧园悟克勤大师以禅宗的观念来思辨品茶的无穷奥妙，顿悟，挥毫写下"茶禅一味"四个大字。南宋年间，日本茶道的鼻祖荣西高僧曾两次来中国参禅，并将圆悟禅师的真迹带到了日本，现藏于日本奈良的大德寺，被视为镇寺之宝。

PART 03
茶香舒缓的中国茶艺

    中国"茶道"一词最早见于唐天宝年间（742～756年）进士封演所著的《封氏闻见记》："楚人陆鸿渐为'茶论'，说茶之功效，并煎茶炙茶之法，造茶具二十四事，以都统笼贮之。远近倾慕，好事者家藏一副。有常伯熊者，

╳ 茶室

又因鸿渐之论广润色之，于是茶道大行，王公朝士无不饮者。"由此可见，茶道在中国始于唐代，至今已有 1200 多年历史，始创者当为陆羽。唐朝名宦刘贞亮（？～813 年）在总结饮茶十德时也讲道："以茶可行道，以茶可雅志"。

茶道从表面上看呈现出的是一种美的仪式，但其内涵是基于道家和禅宗的思想体系。中国历史上不同时代的茶道，还是当时时代精神、社会形态、人文态度的茶道流派和精神奥义的综合体现，如唐代煎茶代表的古典主义、宋代点茶代表的浪漫主义和明代淹茶代表的自然写实主义。

烹茶、煮茶、泡茶都离不开好水。陆羽把天下宜茶之水分为 20 个等级，有"山水上，江水中，井水下"的用水主张。张又新在公元 825 年所著的《煎茶水记》中则指出水品的重要性。无论是山水、江水、河水、井水，水质不同，对茶汤的色香味的影响都很大。清乾隆皇帝游历中国南北名山大川之后，将京西玉泉山玉泉的水封为"天下第一泉"。乾隆皇帝一生嗜茶，注重品茶择水，对天下诸多山泉专门做过研究和品评。他以水的比重为标准，特别精制了一个方形小银斗，每次出巡都带着这只小银斗，"精量各地山泉"，并按水的比重，以轻者上，重者次，从轻到重排出优次，将天下名泉列为七等。古人还总结出了"龙井茶，虎跑水"，"扬子江心水，蒙山顶上茶"等茶与水的最佳组合。

至于品茶的环境，小小一方品饮香茗的地方，中国茶人自古以来便在其中汇集了四件雅事：烹茶、插花、焚香、挂画，其中茶道、花道、香道各自成一道。在这样优雅的环境氛围中品茶，泡茶人有礼，品茶客亦有礼。

在茶器方面，除了唐宋时期的耀州窑青瓷碗，建窑兔毫盏、玳瑁盏，明代的青花压手杯、提梁壶，清代的粉彩瓷以外，陶都宜兴的紫砂茶具始于宋，兴于明，盛于清，长盛不衰。明代有三大制壶妙手：时大彬、李仲芳、徐友泉；明末清初以惠孟臣制作的孟臣壶最为出名；清代陈鸿寿（曼生）设计、杨彭年制作的曼生壶，陈鸣远制作的鸣远壶，以及近代顾景舟制作的紫砂壶，都是在茶艺发展史上不得不提的名字。

PART 04
"一期一会"的日本茶道

唐顺宗永贞元年（805年），日本最澄大师（767～822年）从中国研究佛法后回日本，将从中国带回的茶籽种在了近江（现在的滋贺县）。815年，日本嵯峨天皇到滋贺县梵释寺，寺内僧侣奉上茶水，天皇饮后十分喜欢，遂大力推广种茶饮茶。

至宋代日本荣西禅师（1141～1215年）来中国学习佛法，回日本时不仅带回了茶籽播种，还根据中国寺院的饮茶方法，制定了一套自己的饮茶仪式。他晚年所著的《吃茶养生记》，被后人称为日本的第一本茶书。今日的日本茶道仍大量保留着中国宋代的饮茶规制和习俗。

日本茶道，日本文化名片之一

有"美的宗教""美的哲学"之谓的茶道源于中国，发展于日本，是融合了美学、哲学、艺术、建筑等诸多内涵的文化体系，已然成为当下日本最具代表性的文化名片之一。茶道不仅是日常生活的艺术，生活起居的

✕ 日本茶道

礼节，也是一种社交规范，茶道重视人与人之间在宁静，安详，和睦的氛围中温暖而真诚地进行心灵交流。

所谓茶道，实际上是"茶汤之道"的简称，而茶道的原型是中国宋代时期兴盛的一种茶饮游艺——茶百戏，后传入日本，然后在日本逐渐本土化并流传至今，发展成为内容和技艺甚至远超发源地中国的日式风雅茶饮礼仪。

在近千年的日本茶道历史中，人们普遍将田村珠光当作日本茶道鼻祖，将武野绍鸥定位为中兴之人，将"须知茶道之本不过是烧水点茶"的千利休视为日本茶道文化的集大成者。

村田珠光在四百多年前始创的日本茶道四谛（或称四则、四规）："和、敬、清、寂"一直是日本茶道的精神内涵和日本茶人的行为准则。"和"强调主人对客人要和气，客人自身与茶事活动要和谐；"敬"表示主客要相互承认，相互尊重，上下有别；"清"要求人、茶具、环境都必须清洁、清爽、清楚，不能有丝毫的马虎；"寂"是指茶事的整个过程要安静，神情要庄重，主、客都要严肃认真、不苟言笑地完成整个茶事活动。

而千利休是村田珠光的徒孙。如果说，日本茶道从村田珠光开始有了"道"的雏形，到千利休之后，便逐渐成为日本文化和民族精神的代表，被称为"东洋精神真髓"。千利休对日本茶道进行了全方位的改革和完善，使其融汇了日本的饮食、园艺、建筑、花木、书画、陶器、礼仪等内容，一改之前奢华的茶风，而成为清净休养之手段。直到今天，日本人都会把体现千利休审美观的东西命名为"利休色""利休牡丹""利休头巾""利休扇子""利休木屐"，等等，可见他对日本文化影响之深远。可惜千利休晚年推崇的古雅拙朴与当权者丰田秀吉喜爱的奢靡铺张相悖，最终触怒了丰田秀吉，被命令切腹而亡。

千利休发展而来的"千家流派"，是当时日本最著名的茶道流派，但在千利休死后陷入窘境。直到丰田秀吉晚年赦免了千利休，千家才重新崛起。第三代千宗旦，被称为"千家中兴之祖"。他不仅继承和发扬了千家茶道，还组织当时优秀的陶匠制作茶器，并让陶匠的子孙世代继承，由此奠定了日本"千家十职"的基础。千宗旦之后，千家分裂为表千家、里千家和武者小路千家。数百年来，"三千家"一直保持着日本茶道的正统地位，为日本茶道的发展和传播起了重要作用。

✕ 京都建仁寺枯山水庭院

一期一会与侘寂之美

　　日本茶道仪式繁复而精致。在长达4个小时的正式茶会中，从日式的庭院建筑、陶瓷竹漆等质地的或古朴或雅意的茶器，再到精致的料理、可人的茶食、繁复精准考究且极具仪式感的泡茶手法，日本茶道将饮茶时的空间美、器具美、食物美、茶汤美等以"和、敬、清、寂"的场景聚合在一场"一期一会"的茶会中，晋升为一门生命美学。"一期一会"意为：一生，只在这一场茶会上，惊艳一回。

　　"一期一会"，简单四字，蕴含着许多况味，诸如珍惜当下，逝去不再，此时此刻，此生最年轻，等等。本属于今天此刻的茶会，改期后哪怕是一样的人，一样的茶，一样的器，一样的泡，也是另一场茶会。

　　由日本茶道衍生出的"侘寂"之美，即朴实与枯寂之美，是日本传统文化的主流审美之一。"侘"蕴含苍凉孤寂之意，体现了一种自然的缺憾所带来的有关质朴本来之美的欣赏与体悟，表达了一种安于清净、简单、质朴、谦卑的心态和情怀。"侘"的寓意通常被认为是源自禅宗思想的谦卑、简素、清净、空寂。

在日本茶室的设计中都对"侘寂"一词做了审美解读：或清寥无物，朴素无华；或古旧斑驳，颇具岁月之感；或本色去雕饰，自在无为。尊重自然，尊重人物，尊重岁月，对老去的时光、人物、器物的尊重、崇拜，甚至迷恋的态度，表达的便是对生命不完美之美的理解和释然。

比如，日本庭园设计中经常出现的"枯山水"，就是"侘寂"之美在日本建筑设计中的一种审美表达。日本茶道还衍生出一种"涩之美"，即微妙的雅致。这种审美很好地融合到了日本人的日常生活当中。日本的建筑、生活中的瓷器漆器等器物，乃至生活用品、现代工业产品等许多用品和事物中，这种细而小的"涩之美"随处可见，考究又不失简朴，精巧而不矫饰，简练静寂，典雅精致，有不俗的朴素和谦逊之美，比如"无印良品"。

中日茶道之对比

1. 中国茶文化以儒家思想为核心，融儒、道、佛三位一体，中国人"以茶利礼仁""以茶表敬意""以茶可行道""以茶可雅志"，追求的是一种愉悦，通过茶可以领悟到自然之美。日本茶道的"和、清、静、寂"，规劝人们要和平共处、互敬互爱、廉洁朴实，追求"侘寂"之美，是一种对不完美的崇拜。

2. 中国茶文化最初与道教追求静清无为的神仙世界很有渊源，强调自然美学精神，没有固定的程式。日本茶道主要源于佛道禅宗，强调古朴、清寂之美，程式严谨。

3. 中国茶文化深入市民阶层，其最突出的代表是大小城镇广泛兴起的茶楼、茶馆、茶亭、茶室。百姓把饮茶作为生活本身的内容。日本人崇尚茶道，有许多著名的世家，茶道在民众中亦很有影响，但尚未具备全民文化的内容。也就是说，中国的茶道更具有民众性，日本的茶道更具有典型性。

第五章

历史上的名茶人

中国茶叶走过了数千年历史，既是劳动人民的智慧结晶，也与贵族雅士的青睐或推崇分不开。他们共同写成了灿烂夺目的茶文化。历朝历代的名茶人，在与茶叶的互动中，即从茶叶中得到滋养，又将茶叶发扬光大。

PART 01
文成公主：开启西藏饮茶之风

　　唐贞观十五年（641年），应当时吐蕃国王室的求婚，唐太宗（599～649年）将远支宗室女封为文成公主（625～680年），许配给了吐蕃松赞干布（617～650年），开创了唐蕃交好的时代。茶叶作为陪嫁之物入藏，从此开启了西藏饮茶之风。《西藏政教鉴附录》中称："茶叶亦自文成公主入藏也。"

　　16岁的文成公主离开长安，踏上了漫长而艰苦的前往雪域高原之路，西行约3000公里，行程3年。文成公主进藏时，唐代汉人的饮茶之风已十分盛行。因为文成公主喜欢喝茶，于是皇室的嫁妆里有许多当时的名茶，如寿州的霍山黄芽等。初入藏时，西藏寒冷的气候，以食肉为主，几乎不食瓜果蔬菜的饮食习惯皆令文成公主颇不适应，后来她想到了一个办法，就是早餐时先喝半杯奶，再喝半杯茶，这样感觉肠胃就舒服多了。后来为了方便，文成公主便把奶和茶放在一起喝，并放上一些糖，这就是奶茶的雏形。

　　文成公主经常以奶茶赏赐群臣，这种饮茶方法引得宫中权贵群臣纷纷效仿。为了增加喝茶的品位和乐趣，使奶茶的口味更好，文成公主还试着在煮茶时加入松仁、酥油、盐巴、糖等调味，传说酥油茶由此诞生，西藏

✕ 酥油茶

饮茶习俗随之盛行，甚至到了"宁可三日无粮，不可一日无茶"的程度。

正是因为文成公主进藏时将唐朝的饮茶品茶之风带入青藏高原，开始并改变了藏区人们的饮食和生活习惯，茶叶被誉为"高原四宝"之一，还有人将文成公主誉为藏区人民养生保健的始祖、藏式茶道先师。

为了满足宫中及藏民们对日益增多的茶叶需求，文成公主建议藏民们用西藏的土特产，诸如牛、羊的皮毛，鹿茸等产品到内地换取茶叶。当时内地战乱频繁，对战马的需求很大，这也使得以茶易马的商贸行为盛极一时。茶马互市，各取所需，使得中原与边疆、藏族与汉族之间形成了共生共荣、相互依存的紧密关系。也是自唐代开始，中原地区与边陲少数民族开始了长达数个世纪的茶马交易。这些输入藏区或其他边疆地区的茶叶被称为"边茶""藏茶""边销茶"。

PART 02
"别茶人" 白居易

白居易（772～846年），字乐天，号香山居士，自称"别人茶"，是唐代杰出的现实主义诗人，一生写了近3000首诗，在中国文学史上，除了陆游就数白居易创作的诗作最多了。他所生活的年代，正是安史之乱后各种社会矛盾冲突急剧发展的时期。

白居易"别茶人"的别号出自《谢六郎中寄新蜀茶》一诗："不寄他人先寄我，应缘我是别茶人。"白居易一生嗜茶爱茶，从早到晚茶不离口。他的诗歌非常重视现实内容和社会作用，其中有60多首诗涉及茶事。透过白居易的茶诗，可以清楚地体会到儒家"安贫乐道"、佛家"清静无为"、道家"乐天知命"的人生态度。在他的茶诗中不仅提到了早茶、中茶、晚茶，还有饭后茶、寝后茶，可谓是精通茶道的茶学专家。白居易以茶修身养性，交朋会友，以茶抒情，以茶施礼。

生于乱世的白居易经常以茶来宣泄郁闷，他懂得从品茶中享受平凡和隽永的人生乐趣。"鼻香茶熟后，腰暖日阳中。伴老琴长在，迎春酒不空。"（《闲卧寄刘同州》）"茶诗琴酒"这四样中，茶居首位。

他吟诗离不开茶："闲吟工部新来句，渴饮毗陵远到茶"（《晚春闲居杨工部寄诗杨常州寄茶同到因以长句》）；喝酒离不开茶："醉对数丛红芍药，渴尝一碗绿昌明"（《春尽日》）；吃饭离不开茶："命师相伴食，斋罢一瓯茶"（《招韬光禅师》）；弹琴离不开茶："琴里知闻唯渌水，茶中故旧是蒙山"（《琴茶》）；年老了更是离不开茶："老去齿衰嫌橘酸，病来肺渴觉茶香"（《东院》）。他以茶来《咏意》："或吟诗一章，或饮茶一瓯。身心无一系，浩浩如虚舟"；他借品茗忘情于山水，悟人生之真谛，享乐天安命之情趣："食罢一觉睡，起来两碗茶；举头看日影，已复西南斜"（《食后》）。他宦海失意，官居冷职，以至"门前冷落马车稀"，仍能以平常心处之，白居易这位"别茶人"真可谓人生如茶，茶如人生。

PART 03
设立"茶马互市"的宋神宗

宋神宗赵顼（1048～1085年），为北宋第六位皇帝。即位不久就召王安石推行变法，史称"熙宁变法"。变法取得一定成果，但守旧派对变法的攻击一直存在，然而宋神宗坚持变革的决心始终不变。

宋代是中国历史上茶政最为严格、最为严谨、最为完备的朝代。既行通商之法，亦推行行榷之"交引制"（榷，既是专卖专营的意思，也是征税的意思，出自《汉书·车千秋传》。）榷茶，就是由官方专卖茶叶，以独占其利；榷酒征茶，就是征收酒茶税。此举对宋代国家财政危机和边境防务危机起到了一定的缓解作用。

以茶易马

中国从唐代开始设置官吏，征收茶税，是一种以茶和其他货币与边疆少数民族换取马匹的政策，之后历朝历代沿袭制定推行政策。以茶易马最早的文字记载见于唐贞元年间（785～805年）封演编撰的笔记小说集《封

氏闻见记》：茶"始自中原，流于塞外。往年回鹘入朝，大驱名马，市茶而归""中原按值回赐金帛"。不过那时候茶马互市并没有形成一种规范和定制。

宋朝初年，内地用铜钱向边疆少数民族购买马匹，而这些地区的少数民族牧民则将卖马所得的铜钱融化用来锻造兵器，这在某种程度上对宋朝的边疆安全造成了威胁。出于维护宋朝边疆安全、货币尊严和社会经济的需要，宋朝在太平兴国八年（984年），正式禁止以铜钱买马，改用布帛、茶叶、药材等进行物物交换。榷茶制度仍然实施。商人买茶，必须先到榷货务交纳钱帛，由榷务发给票券（茶引），茶商再到指定的茶场兑茶。

宋神宗是首个正式设立颁布"以茶易马，茶马互市"机构和政策的皇帝。王安石变法时初行"茶马法"，此举被视为茶马制度的开端，彼时管理茶叶和马匹的机构叫"茶马司"。宋神宗熙宁七年（1074年），朝廷派遣李杞进入蜀地置买马司，于秦风、熙河诸路设立官茶场，规定以川茶换置"西番"马匹，以茶易马的政策由此确立下来，后为明清沿用。

茶马互市的组织机构有买卖茶机构和买马机构。买卖茶机构在成都府路设置24个买茶场，在陕西设置50个卖茶场。卖茶场按国家规定的价格收购茶农的全部茶叶，茶商必须向茶场买茶，不能和茶农直接交易。官、商、民一律禁止私贩，许人告捕，治予重罪。买茶场属茶马司直接领导。

此外，熙宁八年（1075年）在熙和路设置六个买马场，后又在秦风及四川的黎州、雅州、泸州等地增设。茶马管理机构的设置与调整，组织严密，奖罚措施得当，对保证茶马贸易政策的贯彻执行发挥了重要作用。

茶马互市基于当时内地与边疆少数民族双方经济上的互相依赖，促进了当时经济的繁荣，推动了畜牧业和茶业的发展，促进了其他商品的交换和流通，也间接促进了科学技术和文化艺术的交流，对推动边疆地区的经济开发和社会进步都产生了深远影响。

PART 04
嗜茶皇帝宋徽宗

宋徽宗（1082～1135年）赵佶，是北宋的第八位皇帝。作为皇帝，宋徽宗在位期间生活奢靡，政治腐败，外交不力，民怨四起，以致埋下了靖康之变的祸根。但这位皇帝在书法、绘画等艺术领域的天分和造诣在中国艺术发展史上成就非凡。他独创了"瘦金体"书法，为后世留下了《芙蓉锦鸡图》《池塘晚秋图》等佳作。

宋徽宗除了是政治家、艺术家、生活美学家，更是一位嗜茶、倡茶、编茶书的皇帝，他还擅长斗茶和分茶之道，倡导普通百姓饮茶。宋代斗茶之风盛行，制茶工艺之精，贡茶品种之丰，与宋徽宗的爱茶、倡茶有直接关系。尊为皇帝，宋徽宗于大观元年（1107年）编著《茶论》，即《大观茶论》，从茶树栽培、茶叶采制，到茶的烹试、评鉴都有论述，其中内容时

靖康之变

北宋宣和七年（1125年），金军分东、西两路南下攻打宋朝。其中一路破燕京，渡过黄河，南下汴京（今河南开封）。宋徽宗见势危，禅位于太子赵桓，是为宋钦宗。靖康元年（金天会四年，1126年）正月，完颜宗翰率金兵东路军进至汴京城下，逼宋议和后撤军。同年八月，金军又两路攻宋；闰十一月，金两路军会师攻克汴京。宋钦宗亲自至金人军营议和，被金人拘禁。靖康二年（1127年）金朝南下攻取北宋首都东京，掳走徽、钦二帝，史称"靖康之变"。

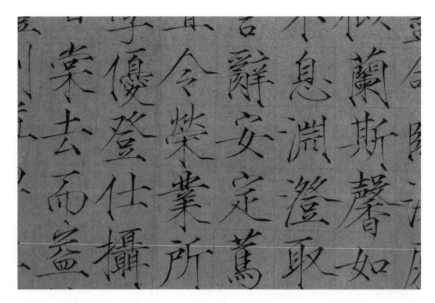

至今日仍有借鉴和研究价值。

《大观茶论》以序为首，共20篇，详细记载了当时中国茶的产地、生长环境、茶树生长与气候的关系、采摘时间、采摘方法、蒸茶工序、制茶工序、茶饼质量鉴别等，是历史上绝无仅有的由当朝皇帝潜心研究并亲笔撰写的茶书。

《大观茶论》详细记录了北宋时期蒸青团茶的制作方法和流行盛况。其中"点茶"一篇，将短暂的点茶过程分为七步，详细描述和记录了击拂手法和茶汤的颜色泡沫等特征，盛行于当时宫廷官邸、达官贵人、文人雅士间的饮茶斗茶之风、之景、之况跃然纸上，准确细腻地表达了由茶所带来的"中澹闲洁，韵高致静"的情操感觉和状态。

被人们誉为"天下第一茶"且被不少今人推崇热爱的白茶虽最早被记于唐代的《茶经》，但其实难以断定彼时记载的那个白茶就是今天人们所推崇的这个白茶。

对白茶明确的记载见于宋徽宗的《大观茶论》："白茶，自为一种，与常茶不同。""无与伦也""白茶第一"等溢美之词。这里说的白茶产自宋代皇家茶山——北苑御焙茶山，位于今天的福建省建瓯市。制作工艺亦不同于今天的萎凋，而是先蒸后压，制成北宋最为典型的团茶，即代表了历代团茶最高工艺的传世名茶"龙凤团茶"。

斗茶又称茗战、茶战、斗茗，是一种始于五代，盛于宋元，尤其流行于宋代的茶艺游戏。斗茶活动起源于贡茶的选送，考察胜负的标准主要有两点：汤色和汤花。宋徽宗的《大观茶论》对汤色的记载为："以纯白为上真，青白为次，灰白次之，黄白又次之"。总之茶水越白，汤色越清亮越好。汤花则以色白、形美、咬盏久而不散为上。斗茶时还要行茶令。宋代斗茶之风盛行，上至皇帝，下至士大夫，无不好此。

✕ 苏轼肖像画

PART 05
苏轼："从来佳茗似佳人"

提起苏轼，大家不会陌生。苏轼诗、词、赋、文、书法、绘画，无一不精，是中国文学艺术史上罕见的全才，也是中国文学艺术史上造诣杰出的大家之一。

苏轼（1037～1101年），北宋文学家、书法家、画家，"唐宋八大家""宋四家"之一，号"东坡居士"，是宋代文学成就最高的代表。一生风云际会，仕途大起大落。

苏轼是我国茶文化史上神一般的存在。他是正宗的茶人，不光酷爱饮茶，精于煎茶，还曾在岭南种过茶，一生写过许多茶诗，以及《漱茶说》《书黄道辅品茶要录后》等茶叶专著，其中《次韵曹辅寄壑源试焙新芽》最为后人称道："要知玉雪心肠好，不是膏油首面新。戏作小诗君勿笑，从来佳茗似佳人。"苏轼把茶比做"佳人"。"从来佳茗似佳人"这句诗被后人誉为"古往今来咏茶第一名句"，并将此句与苏轼所作另一首诗《饮湖上初晴后雨》中的"欲把西湖比西子"辑成一副茶联，用以赞誉好茶佳茗。

苏轼被称为"宋代饮茶人生的典型代表"。他嗜茶，作茶诗百首，煎茶、煮水，还亲自种茶。"何须魏帝一丸药，且尽卢仝七碗茶"（《游诸佛舍，一日饮酽茶七盏，戏书勤师壁》），意思是说魏帝炼丹炼出来的长命丹我不要，我还是每天多喝几杯茶吧。除此之外，苏轼还是紫砂壶设计师、新茶发明者。

《浣溪沙》五首纪行形象地记述了他讨茶解渴的情景："酒困路长惟欲睡，日高人渴漫思茶，敲门试问野人家。"苏轼嗜茶，睡前睡起要喝茶："沐罢巾冠快晚凉，睡馀齿颊带茶香。"（《留别金山宝觉圆通二长老》）晚间工作要喝茶："簿书鞭扑昼填委，煮茗烧栗宜宵征。乞取摩尼照浊水，共看落月金盆倾。"（《次韵僧潜见赠》）创作诗文要喝茶："皓色生瓯面，堪称雪见羞；东坡调诗腹，今夜睡应休。"（《赠包安静先生茶三首》）就连做梦也在喝茶："十二月二十五日，大雪始晴。梦人以雪水烹小团茶，使美人歌以饮。"（《记梦回文二首》）

苏轼的一生足迹遍及华夏各地，从峨眉之巅到钱塘之滨，从宋辽边陲到岭南海滨，长期的贬谪生活让他品到了各地名茶。他一生写过近百首咏茶诗词，其中近50首专门咏茶嘉木、叶嘉、瑞草、灵草、灵芽、雀舌……

"蟹眼已过鱼眼生，飕飕欲作松风鸣。蒙茸出磨细珠落，眩转绕瓯飞雪轻。银瓶泻汤夸第二，未识古人煎水意。君不见，昔时李生好客手自煎，贵从活火发新泉。"（《试院煎茶》）

宋人有说"候汤最难"，煮沸过度则谓"老"，失去鲜馥。而苏轼对烹茶煮水时的水温十分讲究，经验颇为丰富。他认为，水温以水初沸时泛起如蟹眼鱼目状小气泡，发出似松涛之声时为适度。

对煮水的器具和饮茶用具，苏轼也颇有研究。"铜腥铁涩不宜泉""定州花瓷琢红玉"。他指出，用铜器铁壶煮水有腥气涩味，石兆烧水味最正，而喝茶最好用定窑兔毛花瓷（又称"兔毫盏"）。同时，苏轼在宜兴时还设计了一种提梁式紫砂壶，后人为纪念他，把此种壶式命名为"东坡壶"。"松风竹炉，提壶相呼"即是东坡用此壶烹茗独饮时的生动写照。

苏轼不仅自己汲水、生火、煎茶，对于磨茶也很精通。所谓磨茶，是指盛行于中国古代的一种制茶工艺或茶道。选取春日之绿茶，在采摘前一旬到一月之间，搭棚覆盖遮阳，以增加茶之香气。采下茶叶后，再蒸茶杀青，以求特别口感。饮茶之时，用石磨将茶团碾细，再将筛出的茶末放进茶盏，注入滚烫的开水。在《次韵黄夷仲茶磨》一诗中，苏轼特别赞扬四川一带出产的良磨："岁久讲求知处所，佳者出自衡山窟。巴蜀石工强镌凿，理疏性软良可咄。"

苏轼煮茶、饮茶，俨然是位茶艺高手。除此之外，他还亲自栽种过茶。贬谪黄州期间，苏轼生活困顿，朋友马正卿替他向官府申请来一块荒地，于是，苏轼带领家人亲自耕种，以地上收获解"因匮乏食"之急。在一块取名"东坡"的荒地上，他种起了茶树，还将被遗弃的百年老茶树移到了自己的园中，细心呵护，让老茶树重现活力，长出了上好的茶叶。

宋嘉祐二年（1084年），苏氏兄弟回四川奔丧后，上峨眉山还愿。在万年寺的后山见到一片茶树林，叶片丰厚细长，微向内卷，叶片上有道清晰的叶脉，像翠竹竹节。苏轼见之大喜，采摘一大包鲜叶，回去后精心煎、揉、焙、凉、晒，将鲜叶制作成上品之茶。后来，苏轼回京任职时，将自制的茶叶送给了恩师欧阳修。欧阳修品后，大加夸赞。闽南人蔡襄不服气，便邀苏轼一起赛茶。苏轼用浸泡过竹根的水煮茶，清新天然，获得大家的一致好评。欧阳修便给此茶取名"东坡翠竹"。

"东坡翠竹"外形扁平直滑，两端尖细，形似竹叶，叶绿均匀，内蕴馥郁，汤色碧绿，味甘醇鲜，入口香馥如兰，素有"色绿、香郁、味醇、形美"四绝之美誉。

苏轼的另一首煎茶诗《汲江煎茶》，则是茶人解释茶文化的入门诗：

活水还须活火烹，自临钓石取深清。

大瓢贮月归春瓮，小构分江入夜瓶。

雪乳已翻煎处脚，松风忽作泻时声。

枯杨未易禁三碗，坐听荒城长短更。

　　《试院煎茶》是苏轼流放海南儋州时所作。诗中描绘了这样一幅场景：为了饮一盏好茶，诗人不惜夜晚摸黑踩着石头，临江取水。他用大瓢舀水倾入瓮中，月影也跟着倒了进去……他回到家中，一边生炉煎茶一边坐听松涛，待煎好后，不顾空腹忍不住海饮三碗，无奈失眠，只好坐听打更之声以盼天明。

　　苏东坡不仅知道茶有治痢疾的杀菌功效，还意识到可以以茶养生，在他著名的《漱茶说》中记载了他发明的漱茶养生法。苏东坡认为漱茶法有四种好处：一是浓茶漱口，可祛烦腻，即所谓"攻肉食之膻腻"；二是健脾保胃；三是净齿；四是坚齿。

　　苏轼一生颠沛流离，通过饮茶，却达到了"唯能剩啜任腹冷，幸免酪酊冠弁斜"（宋·梅尧臣《次韵和再拜》）的境界，能"在不完全的现世享受一点美与和谐"。

PART 06

写茶诗最多的诗人陆游

　　陆游（1125 ~ 1210 年），南宋文学家、史学家、爱国诗人，号"放翁"。陆游流传至后世的诗作有九千余首，其中有三百余首是茶诗。他出生在茶乡，做过茶官，晚年又归隐茶乡。他爱茶如诗，崇拜陆羽，并在 83 岁时道出了："桑苎家风君勿笑，它年犹得作'茶神'"（《八十三吟》）的心愿。

　　陆游曾出仕福州，调任镇江，又入蜀，赴赣，辗转各地，使得他得以尝遍各地名茶。诗人每遇佳茗，满心欢喜之余，以傲人的才华，饱满的情绪，细腻的文笔，吟咏这些香茗。在陆游存世的茶诗中，比较有名的作品有：《试茶》《兰亭花坞茶》《夜汲井水煮茶》《效蜀人煎茶戏作长句》《临安春雨初霁》《幽居初夏》等。陆游的茶诗中，除了有《晚秋杂兴》中"聊将横浦红丝磑，自作蒙山紫笋茶"；《建安雪》中"建溪官茶天下绝，香味欲全须小雪"等对紫笋茶、建溪茶等现在大家依然耳熟能详的名茶的赞誉，也有对安乐茶、叶家白、茱萸茶等许多史料中不曾记载，当今业已失传的名茶的描绘，为今人研究发掘古代茶叶生产和加工技艺提供了珍贵史料。

　　同时，陆游茶诗中还涉及了许多关于茶具、如茶磨、茶灶、茶瓯等的描述和形容，对当下世人了解宋代当时的烹茶饮茶习俗、步骤、程序、形式等有很大的帮助。陆游的茶诗中也涉及磨茶、煎茶、分茶、斗茶等技艺

的描写，在反映了诗人对茶艺熟稔的同时，也展露出陆游作为一名封建士大夫生活中的盎然情趣。陆游的许多首茶诗中都记述了煎茶这一茶艺活动。如《雪后煎茶》中"雪液清甘涨井泉，自携茶灶就烹煎"；《东窗》中"蛮童未报煎茶熟，一卷南华枕上看"等。

诗茶一体，诗茶一生。陆游的绝大部分茶诗是他晚年创作的。景色宜人，物产丰饶的山阴故居，诗中墨韵，茶香氤氲，风月无边，闲适生活，都无法消解陆游的"死去元知万事空，但悲不见九州同"的心中大志和爱国情怀。

PART 07

李时珍：茶亦药，药亦茶

李时珍为中国明代伟大的医药学家，《本草纲目》是李时珍所著的集中国 16 世纪前本草大成的中医药典籍。这部中国中医学的典籍，现在仍广泛应用于中医药学界。它将药物分为矿物药、植物药、动物药。

因为茶是从药发展而来的，本来就具有疗疾养生的功效。早在唐代，医学家陈藏器（约 687 ～ 757 年）就在《本草拾遗》中记载："茶为万病之药"。李时珍在《本草纲目》中介绍了茶的药用价值："茶苦而寒，阴中之阴，沉也，降也，最能降火。火为百病，火降则上清矣。"

从《本草纲目》中关于茶的记载描述可以看到，在明代，中国传统的中医药已经对茶叶的药理作用有了相当的理解。什么病适合以茶为药，用什么茶，病到什么程度用多少茶才能发挥药力，达到什么治疗效果等都有了相当明确的表达。

1827 年，人们发现茶叶中含有嘌呤碱化合物。20 世纪 30 年代以后，随着对茶叶中的儿茶素、氨基酸等成分的研究的深入，人们逐渐发现茶叶中对人体有益的化学成分有茶多酚、氨基酸、蛋白质、咖啡碱、维生素等。这些成分在茶叶中的存在，使得茶叶对人体具有多种保健作用。

茶多酚又叫"茶单宁""茶鞣质""抗氧灵"，是一种存在于茶叶中

的多羟基酚性化合物的混合物的总称，具有抗氧化、防辐射、抗衰老、降血脂、降血糖、抑菌抑酶等多种生理活性。茶多酚中的主要成分为儿茶素、黄酮、黄酮醇类、花青素类、花白素类等，其中一半以上的物质是以儿茶素为主体的黄烷醇类，是茶叶中具有保健功能的主要化学成分。茶多酚在新鲜的茶叶中含量最高，一般可以达到干物质的二到三倍，各大类茶叶中绿茶的茶多酚含量最高。茶多酚含量的多少直接影响到茶叶的色香味，茶多酚所具有的抗氧化作用也体现了茶叶的保健功效。

茶多酚由于其对人体保健的诸多作用，目前已经被广泛应用于食品工业（保鲜剂、保色剂、除臭剂）、日用品业（洗涤剂、牙膏、浴液等）、医药业（抗衰老抗病毒、抗菌、抗肿瘤、调血脂等）。

PART 08

乾隆：君不可一日无茶

乾隆（1711～1799年），爱新觉罗·弘历，为清朝第六位皇帝，是中国历史上最长寿的皇帝。乾隆皇帝当政的66年间多风调雨顺，全国各地的农业、手工业、商业都得到了较大幅度的发展，耕地面积扩大，人口激增，国库充实，整个社会经济得到了空前发展。

乾隆皇帝十分爱茶，喜欢品以梅花、松子、佛手煎泡的三清茶和雨前龙井、顾渚茶等。他还喜好兴建各种格调雅致的茶舍，如"竹炉山房""竹炉精舍""试泉悦性山房"等，对江南文人风格的素雅茶具，如竹茶炉、宜兴紫砂茶具等，也非常钟爱。

乾隆皇帝经常诗兴大发，以茶入诗，撰写了几百首茶诗。其中，以《三清茶》《荷露烹茶》《雨中烹茶泛卧游书室有作》最为著名。乾隆皇帝不仅留下了"君不可一日无茶"的名言，他在游历杭州，踏赏龙井后题写的《观采茶作歌》等诗作也被后人传诵。

> 火前嫩，火后老，惟有骑火品最好。
>
> 西湖龙井旧擅名，适来试一观其道。
>
> 村男接踵下层椒，倾筐雀舌还鹰爪。

✕ 龙井问茶

地炉文火续续添，乾釜柔风旋旋炒。

慢炒细焙有次第，辛苦功夫殊不少。

王肃酪奴惜不如，陆羽茶经太精讨。

我虽贡茗未求佳，防微犹恐开奇巧。

防微犹恐开奇巧，采茶揭览民艰晓。

　　据史料记载，乾隆皇帝六下江南，四度来到杭州西湖狮峰山的胡公庙老龙井寺。传说胡公庙里的老和尚为乾隆皇帝奉上了西湖龙井中的珍品——狮峰龙井，乾隆皇帝饮后顿觉清香无比，回味甘甜，唇齿留芳，遂亲下茶园采茶，带回京城。时间一长，茶芽夹扁，但滋味仍香气非常。乾隆皇帝大喜，传旨将杭州龙井村狮峰山下胡公庙前的茶树封为御茶树，这就是龙井"十八棵御茶"的由来。

乾隆皇帝对黄茶君山银针也相当喜爱。君山银针的制作工艺十分考究，仅采摘青叶时就有"九不采"：雨天不采；露水芽不采；紫色芽不采；空心芽不采；开口芽不采；冻伤芽不采；虫伤芽不采；瘦弱芽不采；过长过短芽不采。加之须经过八道工序、三昼夜的复杂加工方可完成，因此产量极低，最初一年仅产一斤左右。乾隆四十六年（1781年），乾隆皇帝品尝君山银针后大赞，下诏令每年进贡18斤，足见其珍贵。1956年，君山银针在德国莱比锡世界博览会上获得金质奖章。

PART 09
一部《红楼梦》，满纸茶香

曹雪芹（1715～1763年），是中国四大古典文学名著《红楼梦》的作者。曹雪芹出身官宦人家，早年在南京江宁织造府过着富足纨绔的生活，后家道中落，"生于繁华，终于沦落"。

以曹雪芹的身世、经历、才华、个性，他的生活有过广交名流、纵情诗酒的岁月。因为他曾生活在这样的社会环境和文化氛围中，所以他对戏曲、美食、养生、医药、茶道、织造等百科文化知识和相关技艺多有涉猎。《红楼梦》中关于茶的描写之多，在中国文学史上可谓无出其右者。

据著名红学家周汝昌先生研究考证，《红楼梦》全书中，写到茶道的地方多达 279 处，吟咏茶道的诗词楹联有 23 处，《红楼梦》中茶字出现的频率甚至高达 1520 余次。

《红楼梦》中出现的茶叶品种繁多。有怡红院里常备的普洱茶、黛玉房中的龙井茶、妙玉为老祖宗沏的老君眉、茜雪端上的枫露茶、贾母不喜欢吃的六安茶，还有福建的凤随茶、湖南的君山银针、外国进贡的暹罗茶……除了这些以外，因为吃茶在封建社会多是高门显贵、文人雅士的日常，所以《红楼梦》里还提到了一些特定场合用到的茶的品类，比如家常茶、敬客茶、药用茶、伴果茶等，也提到了一些吃茶的礼俗，如奠晚茶、吃年茶、迎客茶和茶定等。

　　贾府作为封建社会晚期典型的高门大户，端出的每一杯茶反映的都是当时社会的世俗风情。贾府里上至贾母宝玉，下至丫鬟下人，日常万万断不得茶。贾府的茶从功能上大体可分为三类。一类为解渴清口。如在第51回中宝玉要吃茶，麝香忙起来……向暖壶中倒了半碗茶，递与宝玉吃了；自己也漱了一漱，吃了半碗。一类是招待宾客。在第26回中，贾芸到怡红院来向宝玉请安。袭人端了茶来与他，贾芸便忙站起来笑道："我来到叔叔这里，又不是客，让我自己倒吧。"一类是和胃化食。第63回里宝玉说道："今儿因吃了面怕停住食，所以多顽一会子。"林之孝即向袭人等笑说："该沏些个普洱茶吃。"

　　《红楼梦》一书中除了对这类钟鸣鼎食、诗礼簪缨之家的茶俗、茶礼、茶文化的记叙之外，还有许多对旷世清幽的茶壶、茶盘、茶碟、茶碗、茶盅、茶杯、茶匙、茶筅、茶盂、茶格、茶吊子等精巧雅致的南北茶具的描写。

　　出身三代仕宦之家的曹雪芹在经历过荣华富贵和贫困潦倒之后，结合自己的丰富人生经历，把诗情和茶意结合，写出了不少绝句。如夏夜即事"倦绣佳人幽梦长，金笼鹦鹉唤茶汤"；秋夜即事"静夜不眠因酒渴，沉烟重拨索烹茶"；冬夜即事"却喜侍儿知试茗，扫将新雪及时烹。"

PART 10
无茶不雅的近现代文人

鲁迅先生对喝茶与人生有着独特的理解，并形象恰当地借喝茶剖析和比喻社会上的种种不良现象。鲁迅先生在《喝茶》这篇文章中写道："喝好茶，是要用盖碗的……泡了之后，色清而味甘，微香而小苦，确是好茶叶。但这是须在静坐无为的时候的。""有好茶喝，会喝好茶，是一种'清福'。不过要享这'清福'，首先就须有功夫，其次是练习出来的特别的感觉。"鲁迅先生把这种品茶的"工夫"和"特别感觉"喻为一种文人墨客的娇气和精神的脆弱，并加以辛辣的讽刺。

同样是写《喝茶》，周作人先生说：茶道，用平凡的话来说，可以称作"忙里偷闲，苦中作乐"，在不完全的现世享乐一点美与和谐，在刹那间体会永久。"喝茶当于瓦屋纸窗之下，清泉绿茶，用素雅的陶瓷茶具，同二三人共饮，得半日之闲，可抵十年的尘梦。喝茶之后，再去继续修各人的胜业，无论为名为利，都无不可，但偶然的片刻优游乃正亦断不可少。"

梁实秋先生也写过《喝茶》。他说："茶是我们中国人的饮料，口干解渴，惟茶是尚。……凡是有中国人的地方就有茶。人无贵贱，谁都有分，上焉者细啜名种，下焉者牛饮茶汤，甚至路边梗畔还有人奉茶。北人早起，路上相逢，辄问讯'喝茶么？'茶是开门七件事之一，乃人生必需品。"

　　林语堂先生在《谈茶与友谊》说："这样的心旷神怡，周遭又有良好的朋友，我们便可以吃茶了。因为茶是为恬静的伴侣而设的，正如酒是为热闹的社交集会而设的。茶有一种本性，能带我们到人生的沉思默想的境界里去。"

　　老舍是位饮茶迷，还研究茶文化，深得饮茶真趣。他以清茶为伴，文思如泉，创作出经典作品《茶馆》。正如老舍先生所说："茶馆是三教九流会面之处，可容纳各色人物，一个大茶馆就是一个小社会"。老舍先生把当时社会上的一些小人物通过他的笔触集合在一个小茶馆里，通过对北京裕泰茶馆的兴衰际遇，叙述了清朝末年、民国初年、抗战结束三个历史时期的社会状态，反映从戊戌变法到抗战胜利后50多年的历史变迁，用自己的理解和感悟诠释社会动荡下的人物境遇、世态炎凉，茶馆亦因此成为现代文学的名作。

第六章

有趣的中国茶

中国56个民族分布在960万平方公里的辽阔大地上，不同的地域环境、不同的生活习惯、不同的信仰追求，造就了不同的饮茶习俗，而不同的气候条件、不同的茶树品种，成就了我国品种繁多的茶叶品类。

PART 01
丰富多彩的茶俗

茶俗是我国民间风俗的一种，它是中华民族传统文化的积淀，也是人们心态的折射。中华大地地大物博，民族众多，民俗也多姿多彩。不同的地区有着独具特色的茶俗文化，不同的民族也有着形式多样的饮茶习俗。

白族茶俗

白族自古就有饮茶的习俗。一般家庭都备有茶具，家里来了客人，先敬茶，用完茶后才吃饭。雷响茶是白族农村最常见的饮茶方式。把陶罐放在火塘上烤热，然后放上一把茶叶，边烤边抖，让茶叶均匀受热，等到茶叶散发出香味后，冲入一些开水，这时罐内会发出雷鸣似的响声，雷响茶由此得名。白族人认为这是吉祥的象征。冲入开水茶汤便会涌起丰富的泡沫，泡沫下沉之后，再往茶中兑入一些开水，雷响茶就做好了。雷响茶茶汁苦涩，但回味无穷。

白族著名的三道茶则是在传统烤茶的基础上创新和规范的一种礼茶。三道茶不仅仅是一种饮茶方式，还与白族歌舞、曲艺有机地结合在一起，成为独特的表演形式。第一道茶为"清苦之茶"，寓意"要立业，先要吃苦"的做人哲理；第二道茶为"甜茶"；第三道茶为"回味茶"，告诫人们凡

✕ 白族三道茶

事要多"回味"，切记"先苦后甜"的哲理。

佤族茶俗

烧茶是佤族流传久远的一种饮茶风俗，烧茶冲泡的方法很别致。通常先用茶壶将水煮开，然后在一块薄铁板上放适量茶叶，移到烧水的火塘边烘烤。为使茶叶受热均匀，还得轻轻抖动铁板，待茶叶发出清香，叶色转黄时，将茶叶倾入开水壶中进行煮茶。约3分钟后，即可将茶置入茶碗中饮用。

除此之外，佤族也喜欢喝苦茶。有的苦茶熬得很浓，几乎成了茶膏。苦茶虽然味苦，但回味甘甜，有清凉之感。是处在气候炎热地区的佤族人很好的解渴饮品。

基诺族茶俗

基诺山是基诺族的发祥地和主要聚居地，也是普洱茶的六大茶山之一。基诺族栽种茶树的历史已有千年，至今还保留有古朴、原始的茶俗。基诺族保留着吃凉拌茶的习俗。他们将刚采收来的鲜嫩茶叶揉软搓细，放在大碗中加上清泉水，再按个人的口味放入黄果叶、酸笋、酸蚂蚁、大蒜、辣椒、盐等配料拌匀，静置几分钟，凉拌茶就做成了。当地人将这种凉拌茶称为"拉拨批皮"。

布朗族茶俗

茶叶是布朗族重要的经济作物。茶园集中在寨子周围，生长的茶树分属各个个体农户所有，并且茶树可以世代继承，也可以给女儿作为陪嫁，或在村寨范围内赠送或售卖给其他人。竹筒茶、酸茶和锅帽茶都是布朗族

✕ 景迈山上拣茶叶的布朗族大妈

特有的饮茶习俗。

竹筒茶是将夏天采集的茶叶炒熟后，置入竹筒内，然后用芭蕉叶封口保存。饮用时再将竹筒放在火上烘烤，把竹筒烤至焦黄后剖开，再用开水冲泡。这样的茶汤在浓烈的茶香中还有种竹子的清香味。

酸茶则是将鲜茶炒熟，放置到潮湿处，待茶叶发酵后放入竹筒，封口埋入土中，1个月后取出饮用。许多妇女还会把酸茶放入口中细嚼，可以助消化和生津解渴。村民也常把酸茶作为馈赠亲友的礼品。

锅帽茶的做法则比较独特。在铁锅中投入茶叶和几块燃着的木炭，然后上下抖动铁锅，让茶叶和木炭不停地均匀翻滚。等到有烟冒出，可以闻到浓郁的茶香味时，再把茶叶和木炭一起倒出。用筷子快速地把木炭拣出去，再把茶叶倒回锅里，加水煮几分钟即可。

德昂族茶俗

德昂族主要分布在云南省德宏州。茶是德昂人的命脉，德昂族把茶当作他们的图腾，称自己是茶的子孙。德昂族一般居住于山区或半山区，村寨无一例外地都种茶，随处可见一片片郁郁葱葱的茶林。有的村寨周围至今还能看到已有几百年树龄的老茶树，被称为"茶王"，寨中人以能拥有"茶王"而感到自豪。

茶，是德昂家族最珍重的礼物，客人进门，一定要煨茶以待，这叫迎客茶；求娶媳妇，要装一包茶叶上门求亲；乡亲邻居因事争执，调节后要求请长辈亲朋到家中喝茶。德昂族民间神话史诗《达古达楞格莱标》就称"德昂族是茶叶变的，茶是德昂家族的根。"

拉祜族茶俗

拉祜族居住的地区盛产茶叶，拉祜人擅长种茶，也喜欢饮茶。"不得茶喝头会疼"是拉祜族人常说的一句话。拉祜人的饮茶方法也很独特：把茶叶放入陶制小茶罐中，用文火焙烤，等到有焦香味出来的时候，注入滚烫的开水，茶在罐中沸腾翻滚，再煨煮几分钟后倒出饮用，这种茶被称为"烤茶"。如果家里来了客人，拉祜人必会用烤茶来招待。按习惯，头道茶一般不给客人，而是主人自己喝，以示茶中无毒，请客人放心饮用；第二道茶清香四溢，茶味正浓，敬给客人品饮。

傣族茶俗

傣族喝的竹筒茶和其他民族的竹筒茶不太一样，他们将毛茶放在竹筒中，分层压实，再将竹筒放在火塘边烘烤。烘烤时不停翻滚竹筒，使筒内茶叶受热均匀。竹筒色泽由绿转黄后，用刀劈开竹筒，可以看到形似长筒的竹筒香茶。饮用的时候取适量竹筒茶，置于碗中，用刚沸腾的开水冲泡，静置几分钟后即可饮用。

哈尼族茶俗

哈尼族人居住的南糯山，是饮誉中外的普洱茶主产地之一。茶在哈尼族生活中有着重要的地位。

土锅茶是哈尼族的特色饮料之一。土锅茶的制作简便，用土锅将水烧开，在沸水中加入适量鲜茶叶，待锅中茶水再次煮沸3～5分钟后，将茶水倾入竹制的茶盅内，就可以饮用了。土锅茶汤色绿黄，清香润喉，回味无穷，哈尼族人常用其招待客人。平日，哈尼族一家人也会聚在火塘旁，边喝茶边叙家常，以享天伦之乐。

哈尼族也喝竹筒茶，但制作方式和傣族的竹筒茶有所不同。他们将泉水放入竹筒中煮，等到水沸腾时，将新鲜的茶叶塞入竹筒内，再

茶过七巡

人们经常喝的茶，其关键成分是茶多酚，它的主要功能是消和解。它使人冷静而清醒，使人透明而真实。那么，茶过七巡是什么感觉呢？

唐朝诗人卢仝的茶诗《七碗茶》对七碗茶饮的描述极为传神，常被后人引用。据说，有一天卢仝午睡的时候，突然收到孟谏议（古代一种官名）寄来的新茶，特别开心，立刻关起门来煎茶吃，连吃了七碗茶，畅快淋漓，于是写下这首诗。

一碗喉吻润。

二碗破孤闷。

三碗搜枯肠，惟有文字五千卷。

四碗发轻汗，平生不平事，尽向毛孔散。

五碗肌骨清。

六碗通仙灵。

七碗吃不得也，惟觉两腋习习清风生。

蓬莱山，在何处，玉川子乘此清风欲归去。

山上群仙司下土，地位清高隔风雨。

安得知百万亿苍生命，堕在巅崖受辛苦。

便为谏议问苍生，到头还得苏息否？

用芭蕉叶把竹筒封口，煮 10 分钟左右，把竹筒拨出火塘，竹筒茶就做好了。这种竹筒茶味道比较清淡，茶汤颜色青翠，赏心悦目。

苗族茶俗

在湖南西部苗寨流行着一种万花茶。将橘子皮、冬瓜皮等切或雕成各种形状，并反复晾晒。每次饮用时，只取几片放进杯子里，再用沸水冲泡，各种形状的"干皮"在水中漂浮沉落，十分好看。万花茶清醇爽口，芳香甜美，开胃生津。

苗族还有一种颇具特色的茶饮——油茶，当地人有"一日不喝油茶汤，满桌酒菜都不香"的说法。喝茶的时候主人会给客人一根筷子，如果不再喝了，就把筷子架在茶碗上。否则，主人会一直陪你喝下去。

藏族茶俗

藏族地区干燥、寒冷缺氧，食物以牛、羊肉和糌粑等油腻物品为主，缺少蔬菜。茶中富含茶碱、单宁酸、维生素，具有清热、润燥、解毒、利尿等功能，正好弥补藏族饮食的不足，可防治消化不良等病症，起到健身防病的作用。

酥油茶是每个藏族人必不可少的食品。藏族人常用酥油茶待客，他们喝酥油茶还有一套规矩。主人会热情地给客人倒上满满一碗酥油茶，可刚倒下的酥油，客人一般不能马上喝，要先和主人聊天。等主人再次提着酥油茶壶站到客人跟前时，便可以端起碗来，先在酥油碗里轻轻地吹一圈，将浮在茶上的油花吹开，然后呷上一口，并赞美道："这酥油茶打得真好，油和茶分都分不开。"喝完客人把碗放回桌上，主人再给添满。就这样，

边喝边添，不能一口喝完，热情的主人总是要将客人的茶碗添满。假如你不想再喝，就不要动它；假如喝了一半，不想再喝了，主人把碗添满，就摆着。客人准备告辞时，可以连着多喝几口，但不能喝干，碗里要留点漂油花的茶底。这，才符合藏族的习惯和礼貌。一般喝油酥茶以喝三碗为吉利，藏族有句谚语："一碗成仇人！"

　　奶茶也是深受藏族人喜爱的一种饮料。清茶熬好后，将适量的鲜奶倒入茶锅内，搅拌均匀，就制成了奶茶，有些还加上盐、核桃、花椒、曲拉（干奶酪）等。这种茶奶香浓郁，口味独特。

维吾尔族茶俗

　　维吾尔族奶茶的做法是先取适量的砖茶劈开敲碎，放入锅中，加清水煮沸。然后放入鲜牛奶或已经熬好的带奶皮的牛奶。放入的奶量为茶汤的

✕ 新疆维吾尔族的传统铜茶壶

✕ 蒙古族牧民奶茶

1/5 ~ 1/4 最佳。再加入适量的盐，接着煮沸 10 分钟即可。边喝边吃馕饼。

新疆哈萨克族聚居地区也饮奶茶，其奶茶的制法与维吾尔族人的稍有不同：将砖茶捣碎后放入一壶中加水煮沸，然后另取一只壶烧开水，加入牛羊奶和盐，再将熬好的茶水兑入饮用。

天山以南的维吾尔族平常爱喝香茶。他们认为，香茶有养胃提神的作用，是一种营养价值极高的饮料。南疆维吾尔族煮香茶时，使用的是铜制的长颈茶壶，而喝茶用的是小茶碗，与北疆维吾尔族煮奶茶使用的茶具是不一样的。南疆维吾尔族老乡喝香茶，习惯于一日三次，与早、中、晚三餐同时进行，通常是一边吃馕一边喝茶。

蒙古族茶俗

蒙古奶茶的熬制先要将青砖茶用砍刀劈开，放在石臼内捣碎后，置于碗中用清水浸泡。以干牛粪为燃料将灶火生起，架锅烧水，水必须是新打上来的，否则口感不好。水烧开后，倒入另一锅中，将清水泡过的茶叶也倒入，用文火再熬 3 分钟，然后放入几勺鲜奶和少量食盐，锅开后即可将奶茶用勺舀入各茶碗中饮用。如果水质较软，还要放一点纯碱，增加茶的浓度，使之更加有味。火候的掌握也十分重要，温火最佳，火候太大会破坏茶叶中所含的维生素，火候太小则茶味不够。

遇到节日或较隆重的场合，奶茶的配料会增多，制作过程也更加复杂。

回族茶俗

盖碗茶流行于许多民族，但回族的盖碗茶却与众不同。在回族人家中做客，以茶礼为重，主人请客人上炕入座，接着敬上一碗盖碗茶，因其包括茶盖、茶碗、茶托三部分，故在回族地区又被称为三炮台、三炮台碗子。

茶碗内除放茶叶外，还要放入冰糖、桂圆、大枣等，味道甘甜，香气四溢。客人一边饮茶，主人一边斟茶。这种盖碗茶除在甘肃、宁夏、青海等地的回族中盛行外，在当地的汉族、东乡族、保安族等民族中也很盛行，成为待客的重要茶俗。

住在宁夏南部和甘肃东部六盘山一带的回族，清晨起来的第一件事就是熬罐罐茶。喝罐罐茶以喝清茶为主，少数也有用油炒或在茶中加入花椒、核桃仁、食盐之类的。喝罐罐茶还是当地迎宾接客不可缺少的礼俗。亲朋进门，会一同围坐在火塘边，一边熬煮罐罐茶一边烘烤马铃薯、麦饼之类，如此边喝茶边嚼香食，趣味横生。

畲族茶俗

畲族自称"山哈"，散居在我国福建、浙江、江西、广东、安徽等省境内。茶是畲族人民必备的饮料，用茶敬老待客是畲家的传统习俗。

每年逢清明采茶时节，畲家的媳妇必亲自采制几斤绝对上等的名茶，并加以密封贮藏，到大年初一便邀请爸妈及亲戚叔嫂到自家敬品一杯"春节茶"。春节茶不仅采制时十分讲究，沏泡时也十分注意。煮茶的用水必取最为净洁的山泉，煮沸的开水必稍搁片刻再行沏泡，茶具必选用半透明镂空细花的薄胎瓷碗，冲泡时必先以少量开水润湿茶叶，然后泡至七分满浅。

畲家客人进门不分生熟，必给敬茶。客人喝茶要让主人"一冲一泡"，当地称"喝二道茶"，不饮二道就走会被视为失礼。如果客人确实不喜饮茶，也要事先声明，第三道就主随客意，不再冲泡了。

畲族"宝塔茶"是福建福安畲族的独特婚嫁习俗。男方送来的礼品要一一摆在桌上展示。女方会取猪肉、禽蛋等过秤，男方一语双关地问道：

"亲家嫂，有称（有亲）无？"亲家嫂连声答道："有称（有亲）！有称（有亲）！"接着，女方用樟木红漆八角茶盘捧出5碗热茶，这5碗热茶像叠罗汉般叠成3层：一碗垫底，中间3碗，围成梅花状，顶上再压一碗，呈宝塔形，恭恭敬敬地献给代表男方的"亲家伯"品饮。亲家伯品饮时用牙齿咬住宝塔顶上的那碗茶，以双手挟住中间那3碗茶，连同底层的那碗茶，分别递给4位轿夫，他自己则一口饮干咬着的那碗热茶。这简直是高难度的杂技表演！要是把茶水溅了或倒了，不但大伙无茶喝，还会遭到"亲家嫂"的奚落。在献茶时，通常还有一段对歌习俗。

客家人茶俗

客家人广泛分布于我国湖南、湖北、江西、福建、广西、四川、贵州等地。喝擂茶是南方客家人的传统饮茶习俗。擂茶是将茶叶、生姜、生米仁研磨

╳ 客家擂茶

配制后，加水烹煮而成，所以又名三生汤。擂茶不仅味浓色佳，而且能提神去腻、清心明目、健脾养胃、滋补益寿。擂茶对客家人来说既是解渴的饮料，又是健身的良药。不同地区的擂茶，制法也不尽相同。各种擂茶除"三生"原料外，其他作料各不相同，有加花生的，有加玉米的，还有加白糖或食盐的。擂茶是我国古代饮茶风俗习惯的延续，被后人称为古代文明的活化石。

纳西族茶俗

居住在丽江玉龙雪山下的纳西族是一个有着悠久历史的民族，也是一个喜爱饮茶的民族。纳西族的"龙虎斗"是一种富有传奇色彩的饮茶方式。先将茶放在小土陶罐中烘烤，待茶焦黄后注入开水熬煮，像熬中药一样，熬得浓浓的。另在茶杯内盛上小半杯白酒，然后将熬煮好的茶水冲进盛酒的茶杯内，顿时会发出悦耳的响声。纳西族人把这种响声视为吉祥的象征，响声越大，在场的人越高兴。此茶泡好后，茶香四溢，热茶借酒气而升散，能祛风散寒、清利头目。有的还在茶水里加上一个辣椒，以此待客，也用来治疗感冒。喝上一杯"龙虎斗"，周身出汗，睡上一觉，感冒就好了。

调制"龙虎斗"，一般取茶叶 5 ~ 10 克。酒量视各人情况而定。"龙虎斗"对于常年身居高湿闷热山区的居民来说，确实是一种强身保健的良药。

怒族茶俗

中国的怒族人口大约 3 万人，其中大约两万八千人在云南的怒江傈僳族自治州和迪庆藏族自治州。因为怒族人居住的地方大多处于高寒地带，蔬菜缺乏，所以长久以来便形成了以茶促进消化、补充营养和能量，茶中放盐边饮茶边吃饭的习俗，盐巴茶是怒族人生活中的必需品而非附庸风雅的消费品或奢侈品。怒族有不少关于饮茶习惯的谚俗，如："早茶一盅，一天威风；午茶一盅，劳动轻松；晚茶一盅，提神祛痛。一日三盅，雷打不动"；"苞谷粑粑盐巴茶，老婆孩子一火塘"。其实不仅怒族有饮盐茶的习俗，怒江地区的纳西族、傈僳族、普米族、彝族和苗族也有饮盐茶的习俗。

怒族人煮盐茶的方法：将土陶罐放在炭火上烤烫，将青毛茶或一块茶饼放入罐中烤香，然后把开水倒入罐中。水沸腾至泛起泡沫时，把水倒掉再次注入开水，待水再次沸腾时放入盐巴搅拌几下就可以饮用了。将煮好的盐茶倒入茶盅至一半深，再在茶盅中注入一半开水便可以饮用了。这种橙黄色的盐茶汤既有茶的清香，又有盐的滋味，当地人一天至少喝3次，一日不可无盐茶。

侗族茶俗

打油茶是侗族特有的一种饮食习惯。其主要原料是"阴米"，将糯米

✕ 恭城油茶

拌油或粗糠后蒸熟、阴干，再用碓臼舂成扁状，去掉粗糠，便是阴米。打油茶时先将阴米拌河沙炒或油炸成米花备用，接着把配料花生、黄豆、芝麻等炒熟。配料没有定规，时鲜瓜菜、猪肝、虾米都可以放，还可以放些葱花、姜丝等作料。原料准备就绪后就开始煮茶水，放一把米在锅里炒到焦黄，再添上本地土制的上好茶叶炒拌几下，加水煮沸，滤出渣子，最后把茶水倒进盛着米花等原料的碗里，便是油茶。春节期间的油茶中还要加两块手指宽的油煎糍粑。

油茶可谓是侗族的第二主食。过去，人们不仅早餐吃油茶，每顿饭前都要吃油茶。油茶是招待客人的传统食品，特别是妇女往来，常聚于一起打油茶。吃油茶只兴用一只筷子，客人吃了油茶不还筷子，表示还要再吃；还了筷子，则表示多谢主人，不用再添了。

除壮族之外，瑶族、湘西的土家族、云南的普米族等，都有饮用打油茶的习俗，只是做法上略有不同。

布依族茶俗

布依人制作的茶叶中，有一种茶叶很有特色，而且味道别具一格，这就是"姑娘茶"。

"姑娘茶"是布依姑娘精心制作的茶叶。每当清明节前，布依姑娘们就会上茶山采茶嫩尖叶，然后热炒加温，将茶叶叠整成圆锥体拿出去晒干，再经过一定的手法处理后，便制成一卷一卷圆锥体的"姑娘茶"。

"姑娘茶"形状整齐优美，很像毛笔尖，所以又被称为"文笔茶"或"状元笔茶"。"姑娘茶"是布依地区茶叶中的精品，一般是不对外出售的，而是作为礼品赠送给亲朋好友，或在谈恋爱或定亲时由姑娘作为信物赠送给情人，象征着姑娘纯洁的爱情。

PART 02
采茶制茶的学问

　　茶树大多长在深山之中，从深山茶树上的一片叶子，到散发着香气的饮品，来之不易。

　　据统计，一斤高档茶叶需5万~9万颗芽头。取中间值按一斤高档茶叶7万芽头计算，一杯茶3克计420个芽头，也就是说，手中的一杯茶，需要采茶工至少采420下。

✕　早上是采茶的好时机

制茶是件细致活

茶叶鲜叶有"九不采":雨天不采、露水芽不采、紫色芽不采、空心芽不采、开口芽不采、冻伤芽不采、虫伤芽不采、瘦弱芽不采、过长过短芽不采。采摘时要使芽叶完整,在手中不可紧捏;放置茶篮中不可紧压,以免芽叶破碎;且指甲不能碰到嫩芽,以免影响茶叶的品相。

茶叶的制作更是有很高的技术含量。老一辈制茶人都采用手工制茶,时间长,工艺复杂,劳动强度大,并且因为茶叶制作都是白天采摘,摊放,下午到晚上才是加工时间,熬夜的时候多。制作一斤龙井茶(扁形绿茶)需八道工序,十种制作手法,历时三个半小时才能完成。随着科技的进步,现在大部分茶叶都采用机器制作,有的还用上了智能加工生产线。

制作好的茶叶,还需要经过筛选,簸去黄片,筛去茶末,使成品大小

╳ 传统的茶叶制作工艺:在锅中烘干绿茶

均匀，还要用心包装，低温冷藏，最后才被送到了饮茶人的唇齿之间。我们喝的每杯茶，都经过了无数人的辛勤劳动，无数道工序的制作，才让玉芽灵叶从深山走出，呈现自然的浓醇特色。

如何泡出好茶

"一道水，二道茶，三道四道是精华，五道六道也不差，七道有余香，八道有余味，九道十道仍回味。"不同的茶叶，冲泡次数不一样，到底第几泡才最好喝？

绿茶适合现泡现饮，温度过高或浸泡时间过长会破坏其中的维生素、茶多酚等营养物质，芳香也会消失。一般来说，以80℃左右的水最为适宜。茶叶越嫩，冲泡的水温就要越低，这样泡出来的茶汤嫩绿明亮，滋味鲜美。绿茶的精华在第二泡和第三泡上，经过四五泡之后，味道就有些寡淡了。

红茶属于发酵茶，最好用100℃的沸水冲泡，冲泡时间一般以3～5分钟为宜。浸泡时间短，茶水的颜色浅淡，滋味轻；泡久了，茶汤的涩味重，香味也容易丧失。一般红茶冲泡一两次口感达到最好，较为高档的工夫红茶，冲泡三四次味道最佳。

乌龙茶是半发酵茶，如铁观音、大红袍等。其中当属铁观音为乌龙茶中的极品，有"七泡有余香"的美誉。铁观音茶叶条索紧密，每次用茶量也会比较多，必须用100℃的沸水冲泡。有时为了保持和提高水温，还要在冲泡前用开水烫熟茶具，冲泡后在壶外淋开水。乌龙茶通常经过三泡之后茶叶才可以展开，香气弥散开来，到第四泡才会散发出真正的高香，甚至

✕ 泡茶

到了第六七泡都有余香，也就是说，铁观音的精华应该出现在第四泡的时候。

黑茶属于后发酵茶，在储存中仍然可以随着时间的推移进行自然的陈化，在一定时间内，还有越陈越香的特点。普洱茶的冲泡较为讲究，通常需要先洗茶，即先把茶叶放入杯中，倒入开水，过一会儿把水倒掉，再倒入开水，盖上杯盖，这样不仅滤去了茶叶的杂质，而且可使泡出的茶汤更香醇。之后的每一泡，茶味逐渐呈现。普洱茶生饼耐泡，一般可以连续泡8～10次，但熟饼的冲泡次数并没有这么多，具体泡多少次与泡茶的量、出汤时间有直接关系。普洱茶多为压紧型茶，往往第二泡还没有完全使茶叶展开，精华要从第三泡开始。有人认为，三到五泡是普洱茶口感最好的时候。

一般来说，泡出来的茶水的香气和滋味，与干茶的投放量、沏茶的水温和时间等都有很大的关系。重要的是，品茶要将沏着的茶叶中的茶和水及时分离，这样做一是为了控制茶汤的浓度，二是现沏即品可以最大限度地享受茶的真香和本味。

品茶品的是什么

饮茶之道，就在于品。《红楼梦》中就曾道出"品"字诀——大口是喝，小口为品；"喝"是为了解渴，"品"的目的是享受。

寻香

茶叶的香气成分，目前已分析确定的茶叶中的天然香气成分有343种，其中绿茶类香型以清香、花香为主；红茶类香型以果香、甜香为主。这些香气具有不同的"沸点"，只有在一定的温度下才能挥发出来，"寻香"一般要"趁热"。

将茶叶泡开以后，将冒着热气的茶汤慢慢移至鼻端，趁热闻香，闻香时，不必把茶杯久置于鼻端，而是慢慢地由远及近，又由近及远，来回往返三四遍，让空气流动起来，就能感觉到阵阵茶香扑鼻而来，令人心旷神怡。

探味

茶叶成分不同，味道就不同，茶红素呈甜味，茶氨酸呈鲜味，茶黄素呈爽味，精氨酸呈苦味。这些成分以不同含量组合，就呈现不同的茶类品质，比如红茶滋味"浓、强、鲜"，绿茶滋味"厚、爽、醇"……

✕ 茶室一角

　　品茶，茶汤在入口之后要充分停留，不能立马下咽，最好在舌尖打转抿动两三次，让茶汤与舌头的不同部位充分接触，此为品茶之道。

　　这也是品茶要小口轻啜的原因。一下喝太多，茶在口腔中就没有空余"场地"转动了。如果在品尝滋味的同时，香气自口吸入，从咽部经鼻孔呼出，就会进入一种叫"三日不忍漱"的境界。

观色

　　在红、绿、白、黄、青、黑六大基本茶类中，颜色的表现非常丰富，而且这些颜色是由茶叶中自身存在的物质呈现出来的，而茶叶的形状更是姿态万千，婀娜多姿。

四规七则

品茶上升到精神层面，就是茶叶大师千利休总结的茶道原则——"四规七则"。

"四规"是四种境界：和、清、敬、寂。"七则"是指品茶时应努力做好七件事：准备好雅致的茶具；水烧至恰到好处；布置好周围环境；让自己和客人不冷不热；事事提前预料，有备无患；要使客人在观赏一些茶器作品时有艺术之美；对每位客人都要予以最大关注。

PART 03
满纸透清香的茶联

春节贴对联，是中国传统文化的重要符号。在有的地方，过年可以不置办新衣，不准备鸡鸭鱼肉，但对联一定要新换。

春节作对联的习俗是怎样来的呢？据考证，秦汉以前，民间过年时就在屋子的两扇大门上钉两块桃木大板，木板上分别刻着"神荼""郁垒"，神荼和郁垒就是传说中驱鬼辟邪的大神，可以保佑住在屋子里的人全年无病没痛，永享太平。茶，一直被古人誉为"万病之药"的神物。2000 多年前，"荼"和"茶"是通用的，《说文解字》有句为证："荼，苦茶也"。《野客丛话》中亦记载："世谓之荼，即今之茶"。由此可见，茶叶与春联自古就结下了不解的缘分。

而"茶"字作为对联一个极其重要的"联眼"（"联眼"是指在一副对联中，对该副对联的意境起决定性作用的字词），流行了几千年，这些对联满纸透着茶叶的清香，极大地丰富了中国茶文化的内涵。

清八大家之首的郑板桥能诗、善画，又懂茶趣，善品茗，且在其一生中曾写过许多茶联。郑板桥在镇江焦山别峰庵求学时，就曾写出"汲来江水烹新茗，买尽青山当画屏"的茶联。

在家乡，郑板桥用方言俚语写过茶联，使乡亲们读来感到格外亲切。

其中有一副茶联写道："扫来竹叶烹茶叶。劈碎松根煮菜根"，这种粗茶、菜根的清贫生活，也是普通百姓日常生活的写照，既让人感到贴切，又富含情趣。

北京前门的北京大茶馆门楼两旁挂有这样一副对联："大碗茶广交九州宾客，老二分奉献一片丹心"，不仅刻画了茶馆"以茶联谊"的本色，还进一步阐明茶馆的经营宗旨。

据说，早年四川成都有家茶馆，兼营酒铺，但因经营缺少特色，生意清淡。后来，店主参照当地商家的风俗，请当地才子书写了一副茶酒联，曰："为名忙，为利忙，忙里偷闲，且喝一杯茶去；劳心苦，劳力苦，苦中作乐，再倒两杯酒来"。

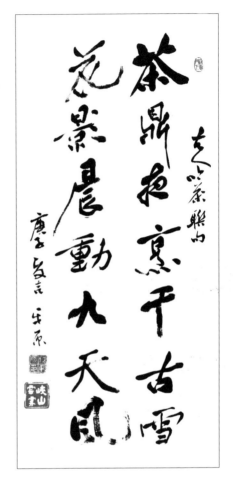

✕ 茶联

这副茶酒联，既奇特，又贴切，雅俗共赏，人们交口相传，茶人、酒客慕名前往，结果经营大有起色。

说到茶联，不能不提与茶有关的一个典故，说的是苏东坡任杭州通判时，一次外出到了一废寺院。接待的和尚以为他是一个普通游客，便说"坐"，又交代小和尚"茶"。后来聊着聊着，和尚发现苏东坡很有才华，就客气起来，改说"请坐，敬茶。"后来得知来者便是大名鼎鼎的苏东坡时，和尚大吃一惊，恭恭敬敬地再次上前："请上坐，"并大声吩咐："敬香茶！"一盏茶毕，苏东坡起身告辞，和尚请他留下墨宝，苏东坡在纸上一挥而就，留下了一副千古奇联：

"坐，请坐，请上坐；茶，敬茶，敬香茶。"

品茶猜谜

博大精深的茶文化，不但孕育出了大量璀璨的文学艺术作品，还发展出了茶谜。茶谜以谜底形式大体可分为三类：茶字谜、茶物谜以及茶叶故事谜。当然还有另一大类，即谜面以茶叶为题材，谜底为其他内容的茶故事谜。

茶字谜：草木之中有一人；移花人接木；花冠伞盖半遮林；人隐桃花后。这四个谜，谜底同为"茶"字。

茶物谜的谜底多为茶名、茶具或茶书。比如：生长在山里，壮烈在火中，收藏在罐里，复活在水中（打一饮料名）；先在青山叶儿蓬，后在杯中水染红，人家请客先请我，我又不在饭菜中（打一食品类别）；钢都见闻（打一茶名）。

这几个谜语的谜底分别为：茶叶、红茶、铁观音。

另外，以"谜底"为"茶几"和"茶壶"的谜面有"人间草木知多少"、"山顶一只猴，客人一到就点头"等。同样，以谜底为茶书的谜语也不少，比如，明代罗廪撰于1609年的《茶解》，以其为谜底的谜面就有多个——"轻度腹泻""太胖了，想减肥""油腻太多怎么办"……

以茶叶或茶事为谜面的谜语就更多了：小口为品（打一成语）；喝早茶（打一古代官衔）；长命健康百八岁（打一祝寿语）；茶，敬茶，敬香茶（打一四字常用语）。

这六个谜语的谜底分别为：浅尝辄止、当朝一品、年逾茶寿、品位提高。这些谜语猜起来饶有情趣，让人受益匪浅。

茶叶故事谜，不但寓意清新，而且有情节起伏。

"吴中四杰"之一的祝枝山有一次会见老朋友唐伯虎。唐伯虎邀他猜谜，说猜中有好茶招待，祝枝山爽快应允。唐伯虎吟道："言对青山说不清，二人泥上说分明，三人骑牛牛无角，一人藏在草木中。"祝枝山立刻坐下敲着茶几道："奉上好茶吧！"唐伯虎一看，命童仆奉上好茶。这个茶故事谜的谜底是"请坐，奉茶。"

PART 04
被虫子咬过才香的东方美人茶

东方美人茶又有福寿茶的美誉，以其独特的蜜香在乌龙茶世界中一枝独秀，而这特别的醇厚的果香蜜味则来自自然界的"伤害"。

东方美人茶的采收期在六七月份前后。炎炎夏日蚊虫正多，东方美人茶的产区台湾新竹苗栗和台北坪林石碇有一种小绿叶蝉喜欢叮咬吸食茶菁，这种经小绿叶蝉叮后昆虫的口水与茶叶中的有机成分发生反应而产生出一

✕ 阿里山乌龙茶

种特别的香气，所以茶菁"受伤"的程度与东方美人茶的香气成正比。为了让小绿叶蝉健康成长自由叮咬，东方美人茶在生长过程中从不喷洒农药。每年的芒种至大暑之时，当地的采茶女精心采摘被小绿叶蝉叮咬过的一芽两叶茶菁，炒菁后以布包裹，放置竹篓或铁桶内静置回软二度发酵，再揉捻、解块、烘干，最后成茶。

东方美人茶原来叫膨风茶，在台湾俚语中，"膨风"是吹牛的意思。一说早年间有一茶农的茶园受小绿叶蝉虫害严重，他又不舍得全部扔掉，便做成茶叶挑到城中卖掉，没想到因为香气独特反而大受欢迎。回来后他得意地和乡邻说这件事，大家都认为他在吹牛，膨风茶的名字由此而来。另一说是在日据时期新竹北埔乡长姜阿新参加茶展，茶叶被台湾总督府以2千日元高价收购了一担（100斤），消息传回北埔村被认为是吹牛"膨风"，后来被证实是真的，膨风茶的名字不胫而走，后来被文人们改了个雅致的名字"椪风茶"。

东方美人茶的芳名据说是拜英国女王伊丽莎白二世所赐。早在19世纪时，风味独特绝佳的椪风茶就得到英国和日本皇室的青

中国特早发芽的乌牛早茶

乌牛早茶是我国古代名茶，其制作工艺曾失传数百年，直到1985年才重新恢复制作。因产于浙江省永嘉县乌牛镇而得名。其最大特点就是"早"。一般情况下，乌牛早茶3月上旬即可采制，比西湖龙井、洞庭碧螺春早一个月左右。乌牛早茶的采制期在一个月内，用它加工的乌牛早龙井味醇气香，色泽翠绿，为茶中珍品。

乌牛早茶发芽密度较大，芽叶肥壮，碧绿，鲜叶的氨基酸含量约为4.2%，所制之茶品质超群，清香醇甘，是不可多得的早春绿茶。乌牛早茶外形扁平挺直，条紧显毫，色泽绿翠光润，香气浓郁持久，滋味甘醇鲜爽，汤色嫩绿明亮，叶底翠绿肥壮，匀齐成朵。

不过，3月上旬开采的茶鲜叶少了两个农时，而惊蛰与清明时节正是春茶养分大积累的时候，所以乌牛早茶的口感比较清淡。

睐。百余年前，英国的茶商将椪风茶敬献给英国女王，冲泡后的茶叶在杯中犹如绝色美人在翩然起舞，女王品饮后对其独特的茶香和白、红、黄、绿、褐五彩的茶叶叶底赞叹不已，便赐名"东方美人茶"。也有说是1960年前后，椪风茶在英国举办的世界食品博览会上获得银牌，呈献给英国女王伊丽莎白二世品尝，女王品饮后赞不绝口，于是赐名。东方美人茶深得欧美人士喜爱，有人在东方美人茶的茶汤中加入一两滴白兰地酒，认为风味更佳，他们把这种茶的花式喝法称作香槟乌龙。

PART 05
茶韵浓郁的鸭屎香

鸭屎香又名大乌叶单枞，是广东潮州凤凰山上等茶叶。"鸭屎香"的别名是怎么来的呢？

原来，大乌叶单枞茶是从乌岽山引进的，种在"鸭屎土"（其实是黄土壤）的茶园里，长着乌蓝色的茶叶，叶子形态好像鸭屎脚木（鹅掌柴）的叶子一样。乡里人喝过这种茶之后都说这个茶叶香气好、韵味浓，纷纷问是什么名枞，

╳ 鸭屎香

什么香型。茶农怕被人偷去，便谎称是鸭屎香。大乌叶单枞"鸭屎香"的别名便由此而来。

大乌叶单枞的茶叶色较深绿（茶农称深绿为"乌"），叶幅较大。系从凤凰山凤凰水仙群体品种的自然杂交后代中单株筛选而成；为有性繁殖植株，小乔木型，中叶类，中芽种。大乌叶单枞茶的生产因季节不同而有春茶、夏茶、秋茶、冬茶之分。其中，冬茶一季因气温较低，加上加工而成的茶叶外形比较粗壮，于是得名雪片。

雪片茶是单枞茶中产量最少的一种茶，也是香气最浓郁，最持久的一种茶。其外形条索粗壮，匀整挺直，色泽黄褐，油润有光，并有朱砂红点；冲泡清香持久，有独特的天然兰花香，滋味浓醇鲜爽，润喉回甘；汤色清澈黄亮，叶底边缘朱红，叶腹黄亮，素有"绿叶红镶边"之称。

凤凰乌岽高山"鸭屎香"单枞茶较低山此种条索更纤细紧结，初汤淡黄，清亮泛绿，杯面蜜桃果香清丽甜美，鲜活高扬，更有高山朝晖草木杂石之气息。入口茶汤轻柔，甘爽醇和，虽微带苦底，但余香驻颊，回甘绵延。

PART 06
传说颇多的白鸡冠

白鸡冠是武夷传统四大珍贵名枞之一，叶子为淡绿色，绿中显白，梢顶芽儿弯曲且毛茸茸的，形态酷似白锦鸡之冠，主产地为福建省武夷山隐屏峰蝙蝠洞（在武夷宫白蛇洞口和慧苑岩火焰峰下之外鬼洞亦有与白鸡冠齐名之树），据传明代已有白鸡冠名。

相传，白鸡冠是宋代道教南宗五祖白玉蟾发现并培育的茶种，白玉蟾当时是武夷山止止庵道观的主持，而白鸡冠的原产地就在武夷山大王峰下止止庵道观白蛇洞。"两腋清风起，我欲上蓬莱"，这是八百年前白玉蟾发现培植出武夷名枞白鸡冠，并在武夷山止止庵内畅饮后写下的佳句。

另有一传说，说古时候武夷山有位茶农，抱着一只大公鸡去给岳父贺寿。一路上，太阳火辣辣的，烤得人难受。走到慧苑岩附近，茶农便把公鸡放在一棵树下，自己找了个阴凉的地方，拿下斗笠扇起风来。不到一袋烟的工夫，忽地听到公鸡"喔"的一声惨叫。茶农赶忙跑过去看，一条拇指粗的青蛇从他脚边一擦而过。再看大公鸡，脑袋耷拉着，殷红的血从公鸡的冠上往下流，一滴一滴正落在旁边的一棵茶树的树根上。茶农只好在茶树下扒了个坑将大公鸡埋在了那里，空着手去岳父家祝寿。

没想到的是，慧苑岩附近的那棵茶树从那以后一个劲地往上长，枝繁

✕ 白鸡冠

✕ 老喜公水金龟

叶茂，比周围的茶树高一截。满树的叶子也一天天地由墨绿变成淡绿，由淡绿变成淡白，几丈外就能闻到它那股浓郁的清香。制成的茶叶，颜色也与众不同，别的茶叶色带褐色，它却是在米黄中呈现出乳白色；泡出来的茶水晶亮晶亮的，还没到嘴边就清香扑鼻；啜一口，更觉清凉甘美，连那茶杆嚼起来也有一股香甜味，据说喝了还能治病。这茶树就是武夷名枞"白鸡冠"。

还有一个关于白鸡冠的传说，说的是明朝年间，武夷山慧苑寺有一位僧人名圆慧，为人善良，待人接物总是笑脸相迎，人们称之为"笑脸罗汉"。笑脸罗汉除了念经参禅外，还管理着一片茶园。一天清晨，笑脸罗汉早课完毕，立即荷锄赴火焰岗茶园锄草。当他锄至岩边的茶畦时，突然从山冈上传来一阵锦鸡惨叫的声。原来一只老鹰要捕捉幼小的锦鸡，一只白锦鸡正与它舍命对抗，保护着小锦鸡。笑脸罗汉跑了过去，赶跑了老鹰，但为时已晚，白锦鸡已经死了。他便把白锦鸡埋在一株茶树下。第二年春天，笑脸罗汉发现那株茶树长得与众不同。叶片是白色的，往上向内卷起，形似鸡冠，在阳光照耀下闪闪

引来产权纠纷的水金龟

水金龟是武夷岩茶"四大名枞"之一，产于武夷山区牛栏坑社蒠寨峰下的半崖上。因茶叶浓密且闪光，模样宛如金色之龟而得此名。每年5月中旬采摘，以二叶或三叶为主，成茶外形紧结，色泽绿里透红，青褐润亮呈"宝光"。滋味甘甜，香气高扬，甘醇浓厚，汤色金黄，叶底软亮浓，浓饮且不见苦涩。

水金龟扬名于清末，其产权归属的公案在历史上还有一段趣话。据说该茶树原长于天心岩杜蒠寨下。一日大雨倾盆，致使峰顶茶园边岸崩塌，茶树被大水冲至牛栏坑半岩石凹处。兰谷山业主遂于该处凿石设阶，砌筑石围，壅土以蓄之。因茶树枝条交错，形似龟背上的花纹，故命名为水金龟。后来天心庙和兰谷岩为争此茶，诉讼多次，耗资千金，从此水金龟声名大振。

水金龟属半发酵茶，有铁观音之甘醇，亦有绿茶之清香，具鲜活、甘醇、清雅与芳香等特色，是茶中珍品。

发光，他把白鸡冠茶树的叶片采下，精制成茶叶，竟满室生香；冲泡后的白鸡冠散发着阵阵清幽的兰花香气，直透肺腑，令人心旷神怡，饮后更是满口生津，回味有余香。笑脸罗汉视白鸡冠为珍宝，用锡罐收藏起来。

有一年夏天，建宁知府带着眷属来武夷山游览，途经慧苑寺时，他的公子突然腹痛难忍，请笑脸罗汉诊病。笑脸罗汉把脉后从锡罐中取出少许白鸡冠冲泡，请公子服下。没多久公子病愈，知府大人询问是何神丹妙药，笑脸罗汉答道："此乃白鸡冠茶。"知府奏献此茶，皇帝尝后认为白鸡冠是茶中上品，每年封制进贡，一直延续至清代。从此一传十，十传百，白鸡冠茶名闻遐迩。

白鸡冠茶外形条索紧结，重实，色泽灰暗，茶色泽米黄呈乳白，茶香浓郁芬芳，汤色橙黄明亮，闪闪发光，远远茶的香便扑鼻而来，啜一口清凉甘美，齿颊留香，身清目朗，其功若神。

由于中国是茶树的原产地，再加上宜茶范围广大且气候多样复杂，所以就产生了许多一般茶客连名字都分不清的变种。比如，除了铁观音茶树品种，还有铁罗汉（顾名思义，该茶树叶质很有嚼劲），除了大红袍还有小红袍，还有黄金桂、朝天香、半天妖，等等。采自这些茶树的鲜叶可以制成红茶、绿茶、青茶、白茶、黄茶、黑茶中的任意一种，也可以用来窨制花茶。但每种茶树又特别适合于制成一两种茶，比如大红袍品种就适于制作青茶中的乌龙茶。

PART 07
"千两茶"真的是一千两吗

    清道光年间，陕西茶商到湖南安化采购黑茶。当时的运输工具主要以骡马为主。为了减少茶叶体积，降低运茶费用，运输方便，他们将采购的散装黑茶踩压成包运回陕西。后来陕西茶商为了更便于运输和计量又改进了包装，将旧秤100两的黑散茶踩压捆绑成圆柱形的"百两茶"。清同治

╳　一捆捆扎好的黑茶

✕ 安化云上茶园

年间（1862～1874年），晋商"三和公"茶行在"百两茶"的基础上，将1000两黑毛茶踩压，用大长竹篾捆绑成圆柱形的"千两茶"。

标准的"千两茶"柱长五尺（1.665米），柱围1.7尺（0.56米），直径0.2米，每卷茶叶净重36.25千克，合老秤1千克。因为其外面的竹篾包装捆绑成花格状，所以又被称为花卷茶。

"千两茶"历史上加工工艺复杂，全部制作工序都要由手工完成，技术性强，做工精美，工艺保密，但劳动强度大，工作效率低。中华人民共和国成立后为防止技术失传，湖南省白沙溪茶厂1952年聘请有技艺的老技工进厂带徒传授技艺。1997年白沙溪茶厂再次恢复千两茶的生产。2000年以后，随着陈香型茶叶在茶叶市场的逐渐风行，千两茶这一国家级非物质文化遗产更加得到认可和弘扬。

PART 08
普洱茶为什么通常一饼 357 克

普洱茶因普洱府而得名，普洱茶经茶马古道而名扬天下。普洱府早在明代洪武十四年（1381年）便已得名，在官方文书中第一次使用"普洱"这个地名。普洱成了当时生产、加工、集散茶叶的重要集镇。所产的蒸青、炒青、晒青团茶和散茶赢得了许多客商的青睐。

到万历年间，朝廷在普洱设官府管理茶叶贸易，封疆大吏们把普洱茶区的茶叶运到北京，进贡到宫里，普洱茶开始名声大噪风靡天下。谢肇淛著《滇略》中就有"世庶所用，皆普茶也"之说。"圆如三秋皓月，香于九畹之兰"是乾隆皇帝对七子饼的圣谕。

普洱茶一饼通常为 357 克，这种约定俗成的做法有多种成因。普洱紧压茶是在特殊的地理环境和特殊的时间下诞生的。老的度量衡 1 斤有 16 两，当时为了运输方便。把普洱茶"蒸而团之，紧压成型"。因 1 片 7 两重，7 片装一筒（笋壳包），七子饼从而得名，现折合度量衡每片重 357 克。

为什么七子饼只装 7 张饼，而不装 8 张或 6 张呢？一种说法是七子饼茶原先是自唐代开始由边境贸易得来的。唐代的这种茶马市，交易的时候是 7 张饼捆扎好外加一张饼一共 8 张过数的，另外那张分离在外的茶饼是用来上税的。

✕ 普洱茶

　　一个饼茶为357克，一筒7饼，约2.5千克。一件12筒约30千克。一匹马驮2件约60千克，刚好可以负重前行，先人早已算好了。旧时马帮就是这样运茶的。

　　另一种说法则是，在云南少数民族文化中，"七"是一个吉祥的数字，象征着多子多福，七子相聚，月圆人圆，圆圆满满。因此，在云南少数民族中，七子饼茶常作为儿女结婚时的彩礼和逢年过节的礼品，表示"七子"同贺，祝贺家和万事兴。七子饼茶畅销于我国港澳台地区及东南亚一带，在海外华人中被视为"阖家团圆"的象征。家国情怀，亲情往来，一饼一寄之，茶情，乡情，家园情，普洱圆茶是寄托，因此，七子饼茶又被称为"侨销圆茶""侨销七子饼"。

PART 09
独具茶香果味的洞庭碧螺春

碧螺春是中国传统名茶，中国十大名茶之一，属于绿茶类，已有1000多年历史。碧螺春产于江苏省苏州市吴县（今苏州吴中区）太湖的东洞庭山及西洞庭山一带，所以又称"洞庭碧螺春"。

关于碧螺春始于何时，名称何来，说法颇多。据清代《野史大观》（卷一）载："洞庭东山碧螺峰石壁，产野茶数株，土人称曰：'吓煞人香'。康熙三十八年……抚臣宋荦购此茶以进……上以其名不雅驯，题之曰碧螺春。自地方有司，岁必采办进奉矣。"又传，明朝宰相王鳌是东后山陆巷人，"碧螺春"名称系他所题。也有传说，一尼姑上山游春，顺手摘了几片茶叶，泡茶后奇香扑鼻，脱口而出道"香得吓煞人"，由此当地人便将此茶称为"吓煞人香"。

唐代时，碧螺春就被列为贡品，古人又称碧螺春为"功夫茶""新血茶"。高级的碧螺春，茶芽细嫩，0.5千克干茶需要茶芽6～7万个。碧螺春茶条索紧结，卷曲如螺，白毫毕露，银绿隐翠，叶芽幼嫩，冲泡后茶叶徐徐舒展，上下翻飞，茶水银澄碧绿，清香袭人，口味凉甜，鲜爽生津，味道清香浓郁，饮后有回甜之感。"铜丝条，螺旋形，浑身毛，花香果味，鲜爽生津"，洞庭碧螺春是中国名茶的珍品，以形美、色艳、香浓、味醇"四绝"闻名

✕ 洞庭碧螺春茶

中外。

　　洞庭碧螺春的种植千百年来都是茶、果间种，茶树和桃、李、杏、梅、柿、桔、白果、石榴、泉城红、泉城绿等果木交错种植。茶树、果树枝丫相连，根脉相通，茶吸果香，花窨茶味，陶冶着碧螺春花香果味的天然品质。正如明代《茶解》中所说："茶园不宜杂以恶木，唯桂、梅、辛夷、玉兰、玫瑰、苍松、翠竹之类与之间植，亦足以蔽覆霜雪，掩映秋阳。"

　　洞庭碧螺春的制作，用修剪的果树枝条晒干当柴火，用铁锅手工炒制。一锅炒茶青1500克左右，得干茶150克到165克，这些碧螺春茶种植、采茶、炒制等工序中独特的环境和材料工艺等元素构成了碧螺春独特之处，千百年来沿袭至今，从未改变，令碧螺春茶独具天然茶香果味，品质优异。

PART 10
非岩不茶的武夷岩茶

武夷山茶区坐落在福建省东北部，有"奇秀甲于东南"之誉。武夷山不独以山水之奇而奇，更以茶产之奇而奇。自古名山出好茶，武夷山也不例外。著名的武夷岩茶就生自绝壁岩谷之中。

武夷山群峰相连，峡谷纵横，九曲溪萦回其间，气候温和，冬暖夏凉，雨量充沛，土壤之中有机质含量极高，并且植被繁茂，种类众多。当地茶农利用岩、凹、石隙、石缝，岩边砌筑石岸，构筑"盆栽式茶园"。适宜的土壤和植被，加之后期特殊的制作工艺，造就了武夷岩茶独一无二的品质特征——"岩骨花香"。唐代诗人徐夤有诗赞武夷茶曰："臻山川秀气所钟，品具岩骨花香之胜。"

武夷岩茶属半发酵茶，青茶（乌龙茶），根据生长条件不同有正岩、半岩、洲茶之分。

正山，指的是产于武夷山桐木关内；小种，指的是小叶种的茶树。从制作工艺上来说，又分烟熏小种和非烟熏小种。

烟熏小种是传统的做法，这样制作出来的红茶带有松烟香和桂圆汤，香气和滋味都相当独特，也成了传统正山小种的标志性特征。正山小种的烟熏味是由制茶过程中的熏焙工艺形成的，将复揉后的茶胚抖散在竹筛上，放进"青楼"的底层吊架上，在室外灶塘烧松木明火，让热气导入"青楼"底层，茶胚在干燥的过程中不断吸附松香，使正山小种带有独特的松脂香味。

✕ 武夷山生态茶园

正岩品质最著名，产于高海拔的慧苑坑、牛栏坑、大坑口和流香涧、悟源涧等地，被称为"三坑两涧"的武夷岩茶品质香高味醇，岩韵特显。半岩茶又称小岩茶，产于三大坑以下海拔较低的青狮岩、碧石岩、马头岩、狮子口以及九曲溪一带，其岩韵略逊于正岩。而崇溪、黄柏溪靠武夷岩两岸在砂土茶园中所产的茶叶为洲茶，品质又低一筹。

武夷山素有"九十九岩"之说，这九十九岩几乎被70平方千米的风景区所含括。"岩岩有茶，非岩不茶"，武夷岩茶因而得名。

在清康熙年间，武夷岩茶已远销西欧、北美和南洋各国，当时欧洲人把武夷岩茶称为"中国茶"，"武夷"也成了茶的别名。岩茶品种繁多，主要有大红袍、肉桂、水仙、梅占、黄旦、铁观音、奇种等，武夷山更是有"茶树品种王国"之称。

武夷岩茶的"岩韵"被茶人们归纳总结为"活、甘、清、香"四个字。

香：武夷茶的香包括真香、兰香、清香、纯香。表里如一曰纯香；不生不熟曰清香；火候停均曰兰香；雨前神具曰真香，这四种香绝妙地融合在一起，使得武夷茶茶香清纯辛锐，幽雅文气，香高持久。

清：指的是汤色清澈艳亮，茶味清纯顺口，回甘清甜持久，茶香清纯无杂，没有任何异味。香而不清是武夷岩茶种的凡品。

甘：指茶汤鲜醇可口、滋味醇厚，回味甘夷。香而不甘的茶为"苦茗"。

活：指的是品饮武夷岩茶时特有的心灵感受，这种感受在"啜英咀华"时须从"舌本辩之"，并注意"厚韵""嘴底""杯底留香"等。

武夷岩茶正是因为其茶树的生长环境独一无二，得天独厚，凭借着优秀的品质、稀少的产量，得到了众多茶人的追捧和喜爱。

第七章

中国茶的"第一"

茶，从莽莽山林中生长的一片叶子，伴随着几千年文明的进化，经济的发展，历史的沿革，最终成为一种在全球举足轻重的消费产业，成为被全世界认同的饮品，作为茶叶发源地的中国功不可没。世界上发现最早最多的茶树"活化石"野生大茶树；世界上最早发现茶叶的药物价值并将之饮用；世界上最早人工栽培茶树的茶园；世界第一本茶书；世界第一家专为皇家加工茶叶的贡茶坊……中国创造了茶的诸多世界"第一"。

PART 01
中国最早的茶园

　　"扬子江中水，蒙山顶上茶"，四川蒙顶山被认为是我国有史可查的最早人工栽培茶树的地方。这里不仅盛产绿茶名品蒙顶甘露，也是黄茶极品蒙顶黄芽的故乡。蒙顶茶的栽培始于西汉，距今已有2000多年的历史，蒙顶黄芽素有"仙茶"之美誉，自唐开始直至明清，皆被列为贡茶。

　　皇茶园又被称为"仙茶园"，位于蒙山上清峰脚下，是有文字记载的中国最早人工种植茶树的茶园。相传西汉甘露三年（公元前51年），由蒙顶茶祖僧人甘露普慧禅师吴理真亲手种下，茶树共7株，取北斗七星之数。清雍正年间，后人刻碑为记："灵茗之种，植于五峰之中，高不盈尺，不生不灭，迥异寻常"，"有云雾覆其上，若有神物护之者。"

　　蒙顶茶味甘而清，色黄而碧，泡之香气罩覆，久凝不散。据说长饮蒙山茶可补益脾胃，益寿延年，所以又被称为"仙茶"，为蒙顶茶之祖。在其旁边玉女峰侧的甘露石室有吴理真塑像，附近还有蒙泉蓬莱阁和蒙茶仙姑塑像等。

　　蒙顶茶之所以被视为珍茗，不仅因为蒙山有着得天独厚的自然条件，还因为它的制作技艺特别讲究和精良。"蒙山有茶，受全阳气，其茶芬香，为天下称道"，远在东汉时期，就有雷鸣茶、吉祥蕊、圣杨花等名品。

✕ 蒙顶山皇茶园

　　史料记载："蒙茸香叶如轻罗，自唐进贡入天府。"由此可知从唐代开始蒙顶茶就是贡茶了。历代茶人诗人为蒙顶茶写下了不少诗句。唐代黎阳王诗云："若教陆羽持公论，应是人间第一茶。"唐代大诗人白居易更是将蒙山茶称为"茶中故旧"。自唐代以后，"扬子江心水，蒙山顶上茶"便被世人视为难得的珍茗。

　　自东汉以来，蒙山寺院和庵堂的僧尼倾尽心力，培育着蒙山茶。因为采制蒙山茶既是向皇帝进贡表忠心，又是向神佛礼佛祈求福报平安，所以每年采制蒙山茶时，都要举行隆重的仪式。每逢春至茶芽萌发，茶事官宦选良辰吉日，焚香沐浴，穿着朝服，击鼓鸣锣，燃放爆竹，携属下及寺院僧众朝拜"仙茶"。礼毕，"官亲督而摘之"。贡茶采摘只限蒙山茶祖7株，最初采600叶，后来采300叶、350叶，最后以农历一年360日为准，采摘360叶。之后，由寺庙中的僧侣炒制，炒制时寺庙中的寺僧围绕诵经。制成后储放置两银瓶中，再放入木箱，以黄缣丹印封之，再卜择吉日，启运进贡，沿途谨慎照看护送，此为"正贡"茶，供皇帝祭祀之用。其后采摘的是供皇室饮用的雷鸣、雾钟、雀舌、白毫、鸟嘴等茗品，无不制法精良。蒙山终年蒙蒙的烟雨，茫茫的云雾，肥沃的土壤，优越的环境，为蒙顶甘露、蒙顶黄芽的生长创造了极为适宜的条件。

如甘露般清甜的蒙顶甘露有"茶中故旧""名茶先驱"等美誉，也因茶汤如甘露般清甜而得名。生长在蒙顶山上的蒙顶甘露自唐代至清代的1000多年时间里都被列为贡茶。它源自蒙顶茶历史上的"凡茶"，是国内最早出现的卷曲型绿茶，由宋代蒙山名茶"玉叶长春""万春绿叶"演化而来。外形细紧匀卷、纤细多毫，叶嫩芽壮，嫩绿油润。汤色清澈明亮，色泽杏绿。滋味鲜爽，回甘醇厚。

因自民国初年蒙顶山以生产黄芽茶为主，故称蒙顶黄芽，这里至今保留着制作顶级黄芽茶的闷黄工艺。蒙顶黄芽茶叶自春分时节采摘，当茶树上的芽头鳞片约有百分之十展开时即可开园。蒙顶黄芽外形扁直，芽条匀整，色泽嫩黄，芽毫显露，甜香浓郁，汤色黄亮透碧，滋味鲜醇回甘，叶底全芽嫩黄。

如今，蒙顶黄芽传统制作工艺也被列为省级非物质文化遗产，在2011年中国（上海）国际茶业博览会上，当地最新创制的"味独珍"牌蒙顶黄芽获得了金奖荣誉。蒙顶茶则成为四川蒙山各类名茶的总称。

PART 02
中国第一茶人与世界第一本茶书

世界上有关于茶的专门著述，自中国唐代的陆羽开始，其所著的《茶经》是中国乃至世界的第一部茶叶的专著。作为中国第一茶人的陆羽对中国茶文化和世界茶产业的贡献无人可以比肩，凝聚了陆羽大半生心血的《茶经》可谓中国茶道的开山奠基之作。

中国第一茶人——陆羽

陆羽生于唐朝公元733年，他一生嗜茶，精于茶道，工于诗词，善于书法，因历经近三十年时间编著了世界上第一部茶叶专著、三卷的《茶经》而被历代国人奉为"茶圣"，祀为"茶神"，尊为"茶仙"，并因此闻名于世，流芳千古。

陆羽的一生颇具传奇色彩。据《唐国史补》记载：某日，竟陵龙盖寺的智积禅师在河边散步，忽然听到西边桥下群雁哀鸣，走近一看，竟然发现群雁之中躺着一名男婴。禅师把男婴带回寺中收养为弟子，便是陆羽。

✕ 杭州梅家坞茶园龙井庭院中的陆羽茶师像

陆羽在十一二岁离开寺庙踏入社会的时候已经是一位名伶了。相传他扮演丑角十分生动传神，得到过竟陵太守李齐物的赏识，后者还蒙授诗集，使陆羽得到诗学方面的启蒙教育和开悟，并引荐名流之辈，令陆羽的人生从此转折。此后，陆羽研习诗歌，结交名流。19岁那年，陆羽与崔国辅相识。此后三年两人相交至深，一起游山玩水，诗词歌赋，这对日后陆羽深研茶品茶艺影响重大。陆羽还与诗僧茶人皎然成为忘年交，和皇甫冉、怀素、颜真卿等当时的大文人、大书法家交往甚密，这些都对《茶经》的写作完成有很大的影响。安史之乱后，陆羽开始四下云游，跋山涉水，一路考察茶事，最后辗转来到舒州（今安徽安庆境内）、湖州定居下来，安心撰写《茶经》。

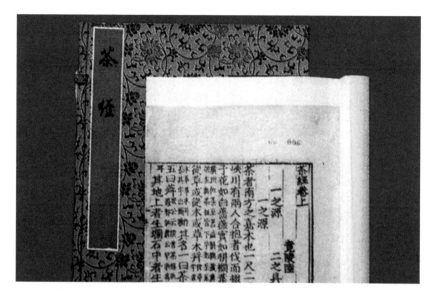

✕ 《茶经》是中国乃至世界现存最早、最完整、最全面介绍茶的第一部专著，被誉为"茶叶百科全书"。

第一本茶书《茶经》

陆羽所著的《茶经》是中国乃至世界上现存的最早、最完整、最全面的第一部有关茶叶的专著，被誉为茶叶的"百科全书"。这部书将普通的茶事升华为一种文化艺术行为，堪称茶学界的"圣经"。

《茶经》分上、中、下三卷，十节，约7000字，主要内容和章节有：一之源；二之具；三之造；四之器；五之煮；六之饮；七之事；八之出；九之略；十之图。《茶经》系统介绍了茶的起源、用具、制作、烹煮、饮用等各个方面，是对唐代以及之前茶科学集大成式的归纳总结。

《茶经》不但系统梳理总结了种茶、制茶、饮茶的习俗和经验，或直接或间接地对中国唐代43个州，44个县的茶叶生产历史、生态环境、栽培技术、制茶工艺、饮茶习俗、茶叶功效等方面进行了深入研究和系统总结，还将儒、释、道三教的思想精华和中国古典美学理念融入茶事活动中，将其升华为博大精深的高雅文化——茶道，将饮茶这一日常行为提升到具有生活美学意义的境界。

"自从陆羽生人间，人间相学事春茶。"《茶经》使饮茶在中国得到了极大的普及，从而带动和拓展了茶叶的消费；《茶经》普及了种茶、制茶的科学技术，指导了茶叶的生产实践，促进了茶叶生产的发展。《茶经》问世后，唐代中期茶文化的发展出现了前所未有的高潮，文人竞相写茶诗，茶诗的创作空前繁荣，推动了唐代茶文化的发展，也为后代茶人树立了"精行俭德"的榜样。《茶经》对后人的意义还在于将制茶饮茶这一物理层面的普通劳作生活常事升华到了精神层面的文化修为、精神享受。

陆羽的一生与茶叶密不可分，他的认知、修养、作为、境界都无愧于"茶圣"之美名。正如他在《六羡歌》中所吟："不羡黄金罍，不羡白玉杯；不羡朝入省，不羡暮入台；千羡万羡西江水，曾向竟陵城下来。"

PART 03
中国第一个贡茶坊

    中国茶叶史上最早制作贡茶的地方是唐代顾渚紫笋茶坊，位于顾渚山南麓的虎头岩后，人称"顾渚贡焙"。

    顾渚紫笋茶坊始于唐大历五年（770年），最初仅进贡五百串，唐建中二年（781年）开始进贡3600串，到了唐代会昌年间增加到了18400串。当时的监察御史杜牧奉诏来到顾渚山监制贡茶，在《题茶山》中写道："修贡亦仙才""舞袖岚侵涧，歌声谷答回。""树荫香作帐，花径落成堆。"描述了茶山的优美风光和热闹的劳作场景。

    紫笋贡茶制作好后要快马加鞭，直接送抵京城长安。唐代吴兴（今浙江湖州）刺史张文规在《湖州贡焙新茶》中写道："凤辇寻春半醉回，仙娥进水御帘开。牡丹花笑金钿动，传奏湖州紫笋来。"描述的便是贡茶一送达长安，宫女们立即向半醉归来的皇帝禀报。

    《吴兴记》中记载了"自大历五年至贞元十六年于此造茶"。到了公元801年，刺史李词以院宇狭隘简陋为由，复造寺院一所。"以东三十间为贡茶院，两行置茶碓，又焙百余所，工匠千余人，引顾渚泉亘其间"。到了元代，贡茶院改为磨茶院，院址迁至下游水口。直至明代1375年废除贡茶制，顾渚贡焙前后延续了606年，是中国茶叶历史上延续时间最长，

✕ 长兴大唐贡茶院（仿建）

历史价值最高的贡茶院。

在贡茶院四周，也是中国历史上第一种贡茶紫笋茶的产地，附近的金沙泉当时为贡水，与贡茶紫笋茶并称为"双绝"。眼下顾渚贡焙虽已成为废墟，但残迹仍在，附近的山崖绝壁上刻有关于茶事的摩崖石刻，为后人研究贡茶的历史形成，评说贡茶过往功过提供了珍贵的史料。

唐玄宗的茶与茶

"茶"虽然在古代有很多不同的叫法，但根据已有的文字文献考证，"茶"字始见于唐代，由"荼"字演化而来的。关于"荼"变"茶"，有个和唐玄宗有关的传说。

据传，唐开元年间（713~741 年），官府编撰了一部《开元文字音义》。唐玄宗对此书非常重视，亲自作序，刚写到"荼"字，杨贵妃端着一盘从岭南用八百里快马送来的新鲜荔枝推门而入，请唐玄宗品尝。唐玄宗一分神，把"荼"字写成了"茶"，写完后也没有仔细检查，就送了出去。虽然看出是错字，可皇帝的御笔不能改，刻板匠最后只得照葫芦画瓢，刻成了"茶"字。此书一经出版，子民纷纷效仿，"荼"于是渐渐变成了"茶"。陆羽在撰写《茶经》时，整本书内都用的是"茶"字。自此，"茶"字转正。

PART 04
茶商，中国最早的商人之一

茶、盐是中国最古老、最庞大的贸易行业，中国的商人很多是靠以茶叶为主的买卖发展壮大起来的。茶叶买卖过程中需要大量真金白银，进而衍生出了可以异地结算、汇通天下的钱庄。

茶商是介于茶叶生产者（茶农）和消费者（茶客）之间的桥梁和中介，中国茶叶经济几千年的发展，从古至今都没有离开过茶商。在大约在 2000多年前的四川成都、武阳便已经有了最早的茶商。

西汉时期，当时的工商业已经有了很大的发展，大商人的资财已经相当雄厚。当时的成都、武阳一带由于盛产茶叶，已形成了茶叶市场。王褒《僮约》中所云"武阳买茶"反映的就是当时随着茶叶商品经济的产生，从事茶叶买卖的商人已经出现。不过当时的人口、经济、茶叶的产区以及生产和消费能力尚不足以支撑茶商成为特别大规模的行业和群体。

到了唐代，茶商的资本、人数、活动区域都越来越大。史料记载："唐天宝中，有刘清真者，与其徒二十人于寿州作茶，人致一驮，为货至陈留。"讲的是刘清真与 20 人从安徽贩茶 20 余驮到河南陈留。据此可知，这是一次大规模的茶叶贩卖活动，可见刘清真是个资金实力雄厚的茶叶商人。

白居易在《琵琶行》中写有："……老大嫁作商人妇。商人重利轻别离，前月浮梁买茶去。去来江口守空船，绕船月明江水寒。"这段诗句说的是曾经红极一时的琵琶女，人老珠黄时嫁给茶商，由此可知，唐朝茶商的经济实力和财力都相当雄厚。而作为琵琶女丈夫的茶商在重利的驱动下，离开温柔之乡，到江口（九江）、浮梁（景德镇）等茶商会聚之地搞长途贩运。

宋代时，茶商资本实力更为雄厚，产业链更为严谨，形成了收购—运输—销售的完整链。荆湖南北，江西路茶叶，也"皆系巨商兴贩"。川陕地区的茶商，还有福建路陆运至的商路都十分通畅热闹。"何客棹之常喧，聚茶商而斯在？千舸朝空，万车夕载，西出玉关，北越紫塞。"汴京、临安是宋代的二大茶叶中转地和消费市场，汴京的十余家大户茶行基本垄断了当地的茶叶市场。"如茶一行，自来有十余户，若客人将茶到京，即先馈献设燕，乞为定价，比十余户所买茶，更不敢取利。但得为定高价，即于下户倍取利以偿其费。"

明代中期以后，由于茶叶作为商品流通的范围越来越大，茶商人数越来越多，竞争越来越激烈，出现了一种既亲密又松散的自发商人群体——茶叶商帮。茶叶商帮以地域为中心，以血缘、乡谊为纽带，以"乡亲相助"为宗旨，以会馆、公所为其在异乡的联络、计议之地。在中国古代茶叶商品经济发展的最高阶段，中国茶叶贸易主要由几个茶叶商帮操控。

山西茶帮

自明末清初当朝官府对茶叶贸易的管制逐渐放松之后，晋商作为国内的主要茶商，在两湖、两广、福建、安徽等地收购茶叶，贩至北京、张家口、南疆、北疆、蒙古等地，几乎完全控制着华北、西北的茶叶市场。1727 年，清政府于恰克图设互市后，茶叶成为中俄贸易的重要物品。乾隆时期，"俄之重要都会，已多有晋商之足迹"。由于茶叶贸易的日渐繁荣，由福建、江西、

✕ 武夷山下的下梅村是"晋商茶路"的起点,晋商常氏武夷贩茶的第一站。

两湖、两广等茶叶产区通往恰克图及蒙古的商路繁华,兴起了一批商业重镇,比如张家口就从明代的一个边关防御的小堡,发展成为活跃的茶叶周转集散中心。

安徽茶帮

伴随着种茶、制茶,"闽、皖商人贩运武夷、松萝茶叶,赴粤省销售,向由内河行走",一批实力雄厚,活动能力强,活动范围广的徽州茶商应运而生,茶叶经营成为许多徽商经营的主业。明隆庆年间(1567~1572年),北京已有很多徽商,"歙人聚都下(北京)者已以千万计",其中多是茶商。清乾隆年间(1736~1796年),北京已经有徽商开设的茶行7家,茶号160余家,小茶叶店数千家。徽州茶商的足迹"北达燕京,南极广粤"。在两广及两湖、浙江、上海、苏州等长江中下游的省份和城市也有不少经

× 吴裕泰由徽商1887年创办，现已发展成拥有近千家门店的连锁企业。

营茶叶的徽商，甚至四川、西藏及东北地区都有徽州茶商的身影。

陕西商帮

明朝前期，西南、西北实行官府管控下的茶马互市政策，官府垄断茶叶贸易。明朝中期以后实行"招商中茶"政策，即商人运茶交甘州各地茶马司，政府给以盐引，商人领盐引去扬州等地支盐。明朝后期，因为汉中茶叶产量有限，川茶畅销康藏，西北地区主销湖茶，陕商"统聚襄阳收购"。陕西茶商主要是三原县人，"三原商贾，大则茶盐"。陕商历史上一直是西南、西北茶叶市场的"主力"。

广东茶商

因为广东特殊的地理位置，海上运输便利通达，商品经济较早起步，为什么做茶叶生意的是商人，而做盐买卖的是贩子呢？

传说，夏朝有一个商部落，其部落首领王亥以善于交换而闻名。王亥带着仆人坐着牛车，取西方之玉石，采南国之铜锡，获东海之鲸贝，来北地之筋……不辞劳苦，不避风险，以超凡的智慧取代了夏朝，建立了商朝。

后来，姜太公协助周武王起兵，推翻商纣王，善待商朝遗民，让他们继续以买卖为生，称其为商人。再后来，茶叶成为他们经营的大宗商品，又因为茶叶种类不断增多，所包含的各种文化习俗不断丰富，经营茶叶不但需要学识，还要有胆量与谋略……"茶商"由此得名。

而历朝历代，食盐的生产、运销、分配、进出口等都属于国家管理，从春秋的齐国丞相管仲主张盐专卖至今已有2000多年的历史，直到2016年中央政府才废止盐业专营。盐的生产、运输等相对单一，如同"贩"字的解释：将贝（古代"贝"指"钱、财产"）翻过来即是，所以历来从事盐业买卖的商人被称为"盐贩"。

广东茶商一直以南方为活动范围，主营外销茶、侨销茶。自唐代开始，广东就是中国重要的对外贸易港口，茶叶和瓷器一样是当时主要的出口商品。随着明清以后中国对外贸易交流越来越多，西方社会对茶叶的需求也越来越多。广东本地生产的茶叶无论品种、产量都无法满足市场需求。广东茶商从其他茶叶产区大量贩茶势在必行。

鸦片战争前，"大西洋距中国十万里，其番船来，所需中国之物，亦惟茶是急。"茶叶产地包覆盖中国各产茶大省所产茶叶均从广州口岸出口，广东茶商的实力越来越壮大，当时广州珠江南岸的茶行茶庄鳞次栉比，相当壮观。清朝掌控广州外贸的十三行多靠经营茶叶起家。

福建茶商

福建盛产茶叶，武夷山种茶历史悠久，制茶技艺高超，"山中土气宜茶，环九曲之内，不下数百家，皆以种茶为业，岁所产数十万斤，水浮陆转，鬻之四方，而夷茗甲于海内矣"。

最早被西方世界、英国皇家接受认同，并作为商品出口且价格不菲的就是正山小种红茶，所以闽商经营茶叶主要以出口、对外贸易为主。闽商"遍游武夷，广积茶叶，通洋贸易"。